智能制造类产教融合人才培养系列教材

智能制造产品生命周期系统中的数据协同管理

郑维明　贾仲文　印亚群　蒋　丹　编

机械工业出版社

产品数据管理（PDM）是产品全生命周期（PLM）的基础，是一门用来管理所有产品相关信息（包括零组件模型、图样、属性、产品结构等）和所有产品相关过程（包括权限、协同、流程等）的软件技术。本书重点介绍了Teamcenter的标准功能以及12.0版本的新功能，涵盖各种基本操作方法和技巧。本书的特色是在介绍操作的同时给出了执行此操作的用户场景，便于学生了解执行操作的作用。

本书分为6章，分别为PDM概述，Teamcenter基本操作，Teamcenter的管理，Teamcenter的扩展功能，软件集成和PDM的实施方法，重点介绍了Teamcenter与常用软件，如NX、Solid Edge、Office的集成方法，以及Teamcenter的实施部署方法。

本书可作为高等职业院校和职业本科院校机械类、汽车类、电子与信息类相关专业教材，也可供从事产品设计和制造的技术人员参考。

为便于教学，本书配套有电子课件等教学资源，凡选用本书作为授课教材的教师可登录www.cmpedu.com注册后免费下载。

图书在版编目（CIP）数据

智能制造产品生命周期系统中的数据协同管理 / 郑维明等编. —北京：机械工业出版社，2023.6
智能制造类产教融合人才培养系列教材
ISBN 978-7-111-73099-6

Ⅰ. ①智… Ⅱ. ①郑… Ⅲ. ①智能制造系统-数据管理-教材 Ⅳ. ①TH166

中国国家版本馆CIP数据核字（2023）第074215号

机械工业出版社（北京市百万庄大街22号　邮政编码100037）
策划编辑：黎　艳　　　　　　责任编辑：黎　艳
责任校对：牟丽英　许婉萍　　封面设计：张　静
责任印制：常天培
北京机工印刷厂有限公司印刷
2023年6月第1版第1次印刷
184mm×260mm·12印张·302千字
标准书号：ISBN 978-7-111-73099-6
定价：45.00元

电话服务　　　　　　　　　网络服务
客服电话：010-88361066　　机　工　官　网：www.cmpbook.com
　　　　　010-88379833　　机　工　官　博：weibo.com/cmp1952
　　　　　010-68326294　　金　书　网：www.golden-book.com
封底无防伪标均为盗版　　机工教育服务网：www.cmpedu.com

西门子智能制造产教融合研究项目
课题组推荐用书
编写委员会

特此致谢以下专家对本书编写提供的帮助：

方志刚　刘其荣　高岩松　胡肖俊　石晓祥

李凤旭　熊　文　张　英　许　淏

编 写 说 明

为贯彻中央深改委第十四次会议精神，加快推进新一代信息技术和制造业融合发展，顺应新一轮科技革命和产业变革趋势，以智能制造为主攻方向，加快工业互联网创新发展，加快制造业生产方式和企业形态根本性变革，同时，更好提高社会服务能力，西门子智能制造产教融合课题研究项目近日启动，为各级政府及相关部门的产业决策和人才发展提供智力支持。

该项目重点研究产教融合模式下的学科专业与教学课程建设，以数字化技术为核心，为创新型产业人才培养体系的建设提供支持，面向不同培养对象和阶段的教学课程资源研究多种人才培养模式；以智能制造、工业互联网等"新职业"技能需求为导向，研究"虚实融合"的人才实训创新模式，开展机电一体化技术、机械制造与自动化、模具设计与制造、物联网应用技术等专业的学生培养；并开展数字化双胞胎、人工智能、工业互联网、5G、区块链、边缘计算等领域的人才培养服务研究。

西门子智能制造产教融合研究项目课题组组建了教材编写委员会和专家指导组，在专家和出版社编辑的指导下有计划、有步骤、保质量完成教材的编写工作。

本套教材在编写过程中，得到了所有参与西门子智能制造产教融合课题研究项目的学校领导和教师的积极参与，得到了企业专家和课程专家的全力帮助，在此一并表示感谢。

希望本套教材能为我国数字化高端产业和产业高端需要的高素质技术技能人才的培养提供有益的服务与支撑，也恳请广大教师、专家批评指正，以利进一步完善。

西门子智能制造产教融合研究项目课题组　郑维明
2020 年 8 月

前言

　　随着技术层面的物联网、大数据及云计算的蓬勃发展及其在工业制造领域的应用，制造企业纷纷践行以数据应用为核心的智能制造发展计划，以数字化建设为基础，朝着智能化方向前进。做好制造业的数字化，重要的一点是培养数字化的专有人才。打造数字化企业，是构建工业互联网的第一步，工业企业的高度复杂性意味着企业的数字化转型需要"量体裁衣"。本书的目标是使专有人才具备这种"量体裁衣"的能力，针对以数据应用为核心的智能制造发展计划，本书从系统化的角度，用通俗易懂的语言帮助学生理解产品数据的管理知识。

　　PDM 管理的是产品数据，但是产品数据最终会用于生产、交货和售后服务，从产品的整个生命周期中提供信息并获得反馈，这样，产品数据管理（PDM）系统也就必然会进化为产品全生命周期管理（PLM）系统。要实施 PLM，首先必须要有基础的产品数据，这就是 PDM 的意义所在。成功实施 PDM 后，用户可以在 PDM 系统上添加需求管理、工艺管理、供应商管理、成本管理等模块，管理更多的产品数据，并且使 PDM 系统可以被更多的部门使用，甚至可以与上游的供应商和下游的用户进行协同。如此，PDM 系统就可以成长为 PLM 系统。

　　本书重点介绍了 Teamcenter 的标准功能以及 12.0 版本的新功能，涵盖各种基本操作方法和技巧，分别介绍了 PDM/PLM 的基本概念、Teamcenter 的用户基本操作、Teamcenter 管理员的设置、Teamcenter 的扩展功能，包括工程变更、时间表和分类管理；还介绍了 Teamcenter 与常用软件，如 NX、Solid Edge、Office 的集成方法，以及 Teamcenter 的实施部署方法。本书的特色是在介绍操作的同时给出了执行此操作的用户场景，便于学生了解执行操作的作用。

　　本书的特点之一是关于数据协同管理的理论知识是系统化的，用通俗易懂的语言让读者快速理解 PDM 业务；特点之二是所有实践操作是循序渐进的，从基本的操作到简单的配置，都有详细的说明。

　　西门子股份公司不仅是工业 4.0 的倡导者，更是工业领域实践的排头兵，它提供了数字化企业所必需的多学科专业领域最广泛的工业软件和行业知识，涵盖机械设计、电子及自动化设计、软件工程、仿真测试、制造规划、制造运营等方面，帮助学校建立可以同时满足科研、实训与企业服务的产教融合平台。结合本书，西门子股份公司将提供对应的网络课程和操作环境等，希望读者在学习并掌握好对应的知识之后，可以顺利地参与到对应的数字化项目中，快速上手数字化项目中用到的工具或系统，帮助企业从业务的视角出发，用数字化的思维来提出解决方案。

由于编者水平有限，书中不妥之处在所难免，恳请读者批评指正。

编　者

目录

前言

第1章 PDM 概述 1

1.1 PDM 的概念 1

1.2 PDM 的架构 2

1.3 Teamcenter 简介 2

1.4 其他 PDM 系统 3

1.5 从 PDM 到 PLM 3

第2章 Teamcenter 基本操作 4

2.1 用户界面和个人工作区 4

  2.1.1 界面概述 4

  2.1.2 应用程序的显示 5

  2.1.3 切换角色 6

  2.1.4 个人工作区 8

2.2 数据结构 13

  2.2.1 零组件 14

  2.2.2 零组件的版本 14

  2.2.3 数据集 14

  2.2.4 版次 15

  2.2.5 文件夹 16

2.3 数据操作 18

  2.3.1 新建零组件 18

  2.3.2 添加数据集 20

  2.3.3 删除 22

  2.3.4 签入和签出 23

  2.3.5 升版和另存 26

2.4 产品结构管理 29

  2.4.1 结构管理器与 BOM 的概念 29

  2.4.2 产品结构的创建、复制、删除 30

2.4.3 不可数物料的装配 38

2.4.4 PSE 与三维 CAD 产品结构的关系 39

2.4.5 定制结构管理器属性的显示 39

2.4.6 精确装配和非精确装配 42

2.4.7 版本规则 45

2.4.8 BOM 的比较 50

2.4.9 多 BOM 的概念 51

2.4.10 BOM 导出 54

2.5 工作流程与数据发布 56

2.5.1 流程的概念 56

2.5.2 发起流程 57

2.5.3 流程审批 60

2.5.4 流程结果和数据状态 63

2.5.5 检查流程 66

2.6 搜索 67

2.7 查看数据 74

2.7.1 属性的查看 74

2.7.2 JT 技术概述 79

2.7.3 模型的查看 79

2.7.4 装配的查看 81

2.8 影响分析 82

2.8.1 何处使用 83

2.8.2 何处引用 84

2.9 Web 客户端 85

2.9.1 AWC 简介 85

2.9.2 AWC 的界面 87

2.9.3 AWC 基本功能 89

2.9.4 AWC 嵌入到应用程序 91

第 3 章 Teamcenter 的管理 93

3.1 管理员 93

3.2 管理首选项 93

3.3 数据的存储 95

3.3.1 卷 95

3.3.2 数据库 96

3.3.3 系统备份 96

3.4 组织 97

3.4.1 人员和用户 97

3.4.2 部门和角色 99

3.4.3 权限 102

3.5 许可证 106

3.5.1 许可证程序的安装 106

3.5.2 许可证的管理 106

3.6 业务建模器 107

3.6.1 BMIDE 概述 107

3.6.2 定制零组件类型和零组件版本 108

3.6.3 定制属性 109

3.6.4 定制值列表 111

3.6.5 BMIDE 的部署 112

3.6.6 确认部署成功 113

3.7 定制编码 115

3.7.1 定制编码概述 115

3.7.2 创建命名规则 115

3.7.3 将命名规则附加到零组件类型 116

3.7.4 在客户端中验证 116

3.8 定制查询构建器 117

3.9 定制流程 118

3.9.1 工作流程概述 118

3.9.2 在工作流程设计器中查看流程 118

3.9.3 切换为编辑模式 119

3.9.4 使流程可用 120

3.9.5 创建新的流程 120

3.9.6 创建一个三级设计审批流程 121

3.9.7 更多的任务类别 122

3.9.8 对流程的名称进行本地化 123

3.10 项目管理 124

3.10.1 项目管理概述 124

3.10.2 项目管理界面 124

3.10.3 项目 ID 和项目名称 124

3.10.4 项目成员 124

3.10.5 设置项目权限 125

3.10.6 普通用户查看自己的项目 126

3.10.7 将对象添加到项目 126

3.10.8 查看项目信息 127

3.10.9 项目组外的人查看项目零组件 127

3.10.10 项目结束后修改状态 127

第 4 章　Teamcenter 的扩展功能 128

4.1　工程变更 128

4.1.1　工程变更简介 128

4.1.2　问题报告 129

4.1.3　变更请求 129

4.1.4　变更通知 130

4.1.5　变更实施 131

4.2　时间表管理 132

4.2.1　时间表管理简介 132

4.2.2　创建时间表 133

4.2.3　创建任务与里程碑 134

4.2.4　链接任务 134

4.2.5　指派任务 135

4.2.6　创建交付件 136

4.2.7　创建工作流程 136

4.3　分类管理 137

4.3.1　使用分类管理（Classification Admin）应用程序 138

4.3.2　使用分类（Classification）应用程序 144

第 5 章　软件集成 149

5.1　MCAD 集成 149

5.1.1　概述 149

5.1.2　NX 的集成 150

5.1.3　Solid Edge 集成 155

5.1.4　异构软件的混合装配 158

5.1.5　自顶向下的设计 160

5.2　Office 集成 162

5.2.1　概述 162

5.2.2　封装式管理 162

5.2.3　Office 集成的安装 164

5.2.4　Office 集成的菜单 164

5.2.5　Office 集成的操作 165

5.2.6　Outlook 集成 166

5.3　属性映射 166

5.3.1　概述 166

5.3.2　导出属性映射文件 166

5.3.3　属性映射的格式 167

5.3.4　导入属性映射 168

5.3.5　映射的效果 168

第 6 章　PDM 的实施方法 ···170

6.1　快速启动 Teamcenter ···170

6.1.1　概述 ···170

6.1.2　TCRS 的推荐设置 ···170

6.1.3　TCRS 切换到标准 Teamcenter ···171

6.2　Teamcenter 个性化定制实施方法 ···171

6.3　Teamcenter 的安装 ···172

6.3.1　概述 ···172

6.3.2　服务器端 ···172

6.3.3　客户端 ···174

6.3.4　帮助系统 ···174

6.4　Teamcenter 的云部署 ···176

附录　本地化支持 ···178

第1章

PDM 概述

1.1 PDM 的概念

PDM（Product Data Management），即产品数据管理，是一门用来管理所有产品相关信息（包括零组件模型、图样、属性、产品结构等）和所有产品相关过程（包括权限、协同、流程等）的软件技术。PDM 是产品全生命周期（PLM）的基础，通常在企业范围内部署。

PDM 管理的对象是产品，而不是文档，这点可以将 PDM 系统与文档管理系统相区分。PDM 中的基本对象是物料，也被称为零组件（Item），而文件是用来描述物料的，属性也是基于物料的。在 PDM 系统中可以存在一个物料，它具有编码与属性，但是可以不包含任何文档。PDM 中的物料可以方便地导出产品结构（BOM）到企业资源计划系统（ERP）中。

PDM 中的数据不仅是文件，也包括物料属性，例如材料、重量等。PDM 中的属性不仅包括产品的自然属性，也包括其加工属性，例如自制件/外购件、零件/部件以及表面处理等。PDM 的数据还包括其设计者、审批者、零件状态（设计中/试生产/量产/作废）以及审批流程。

PDM 中的数据是集中管理的。数据被存放在 PDM 服务器上而不是单独的客户端中，这使得权限管理以及系统集中备份具有可行性。在 PDM 中的每个零组件都有一个唯一的编码，工程师通过 PDM 系统的零组件编码可以找到唯一正确的文件，这样工程师可以节省寻找零组件的时间，并且避免错误。在 PDM 系统中，由于数据存放在服务器上，多个工程师可以进行协同设计，这种协同可以是跨 CAD 的（例如 NX 和 Solid Edge），甚至可以是跨领域的（例如机械设计和电气设计）。PDM 的数据一旦产生，就可以被整个公司（例如销售部门、生产车间）所使用。PDM 能够避免企业出现"数据孤岛"。

图 1-1 所示为智能制造的流程框图，可以看到，产品从设计到虚拟制造、真实制造，再到真实产品，构成了完整的数字孪生系统。前面两个圈内的虚拟产品和虚拟制造的数据就是在 PDM 中管理的，所以 PDM 是智能制造的基础环节。

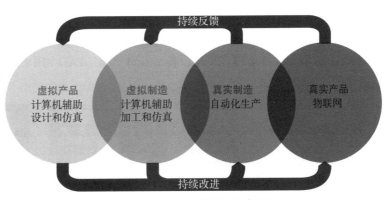

图 1-1 智能制造的流程框图

1.2 PDM 的架构

PDM 的数据是集中管理的，这意味着 PDM 至少有两个部分，即服务器端和客户端。

服务器端不仅存储数据，也会提供基本的功能模块，例如项目管理、流程管理、权限管理。PDM 的服务器端可以是一台服务器，也可以是一个服务器群集，分别承担数据库服务器、文档服务器、搜索服务器、网页服务器等功能。

客户端是最终用户的操作界面。目前有两大流派，分别是 CS 架构和 BS 架构。

CS 架构即 Client/Server（客户机 / 服务器）架构。CS 架构在技术上很成熟，它的主要特点是交互性强、具有安全的存储模式、网络通信量低、响应速度快以及利于处理大量数据，但是该架构的程序是具有针对性开发的，变更不够灵活，维护和管理的难度较大，通常只局限于小型局域网，不利于扩展。由于该架构的每台客户机都需要安装相应的客户端程序，分布功能弱且兼容性差，不能实现快速部署安装和配置，因此缺少通用性，具有较大的局限性，并且要求具有一定专业水平的技术人员去操作。

BS 架构即 Browser/Server（浏览器 / 服务器）架构，它只安装有维护服务器（Server），客户端采用浏览器（Browser）运行软件。BS 架构应用程序相对于传统的 CS 架构应用程序呈现出非常大的进步。BS 架构的主要特点是分布性强、维护方便、开发简单且共享性强，以及总体应用成本低，但存在数据安全问题、对服务器要求过高、数据传输速度慢以及软件的个性化特点明显降低。传统的 BS 架构一般只能完成数据浏览的工作，很难完成报表输出以及三维数据浏览的工作。但在 2010 年后，随着新的技术如 HTML5、CSS 的出现，BS 不再像以前一样需要安装插件才能进行复杂的操作。BS 架构将是未来 PDM 的发展方向。

1.3 Teamcenter 简介

Teamcenter 是典型的 PDM 产品，并可以无缝扩展到 PLM（产品全生命周期管理）系统，是由西门子工业软件公司开发的。

Teamcenter 作为企业产品信息的虚拟门户，连接所有需要与产品和流程进行协作的人员。Teamcenter 使企业能够在产品全生命周期内对产品和制造数据进行数字化管理。Teamcenter 作为西门子工业软件的中枢，几乎可以与西门子工业软件所有的产品，如 NX、Solid Edge、Simcenter、Capital、Mendix、Polarion 进行集成。

Teamcenter 的 PDM 功能包括数据管理、文档管理、结构管理和流程管理，如图 1-2 所示，通过使用标准化的工作流程和变更过程来提高整个企业的效率。Teamcenter 具有广泛的适应性，无论在传统的机械行业，还是在高精尖的飞机与航天行业，或者是在消费品行业，只要是针对产品信息的管理，Teamcenter 都有用武之地。Teamcenter 可以支持多种服务器，包括 Windows 和 Unix 服务器，支持多种客户端设备，从计算机、PAD 到手机都可以支持，这使得 Teamcenter 成为目前使用最广泛的 PDM 系统之一。

数据管理　　文档管理　　结构管理　　流程管理

图 1-2 Teamcenter 的 PDM 功能

1.4 其他 PDM 系统

常见的 PDM 系统，还有达索公司的 ENOVIA、PTC 公司的 Windchill、Autodesk 公司的 Fusion。国外产品的特色是与三维 CAD 产品的结合较完善。

国内的 PDM 产品主要有 CAXA、鼎捷、金蝶、开目、思普、天河、用友等，国产产品的优势在于本地化支持好。另外，国产 PDM 厂商通常拥有同名的 ERP 系统，PDM 系统与 ERP 系统之间的集成做得较好。

1.5 从 PDM 到 PLM

PDM 管理的是产品数据，但是产品数据最终会用于生产、交货和售后服务，从产品的整个生命周期中提供信息并获得反馈，这样，产品数据管理系统（PDM）也就必然会进化为产品全生命周期管理系统，即 PLM。

要实施 PLM，首先必须要有基础的产品数据，这就是 PDM 的意义所在。成功实施 PDM 后，用户可以在 PDM 系统上添加需求管理、工艺管理、供应商管理、成本管理等模块，管理更多的产品数据，并且使 PDM 系统可以被更多的部门使用，甚至可以与上游的供应商和下游的用户进行协同，从而 PDM 系统就成长为 PLM 系统，Teamcenter PLM 平台如图 1-3 所示。Teamcenter 系统可以无缝地从 PDM 系统成长为 PLM 系统，无须对系统进行任何迁移操作。本书主要讨论的是 Teamcenter 的 PDM 功能。

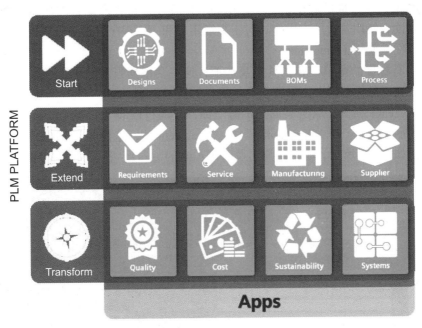

图 1-3　Teamcenter PLM 平台

第 2 章

Teamcenter 基本操作

2.1 用户界面和个人工作区

使用 Teamcenter 首先接触到系统的用户界面，熟悉用户界面和个人工作区是掌握 Teamcenter 的前提。在这里主要介绍 Rich Client（胖客户端）界面，而对 Active Workspace（AWC 客户端）界面只做简要介绍。

2.1.1 界面概述

Teamcenter Rich Client（胖客户端）具有丰富的产品界面，不仅在一个平台上可以提供产品管理应用功能，还可提供对 Teamcenter 里的应用程序进行管理配置的功能。如果不需要特别设置，建议读者使用普通用户操作。对于高级用户和应用程序管理员可以配置相应的用户界面，从而更方便地使用 Teamcenter。

胖客户端有标准的菜单栏和工具栏及选项，这些会根据当前的应用场景不同而有不同显示。将鼠标放在工具栏按钮上，系统会显示工具的提示说明。

首先登录 Teamcenter：双击桌面上的 图标，或通过安装 Teamcenter 后的程序路径单击"开始"→"所有程序"→"Teamcenter"→"Teamcenter"，这样就建立起一个 Teamcenter 进程。登录界面如图 2-1 所示，输入用户名及密码：user1/user1。登录后如图 2-2 所示。

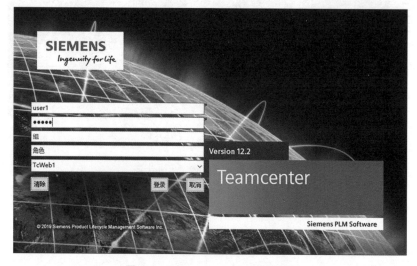

图 2-1　Teamcenter 12 登录界面

图 2-2　Teamcenter 登录后默认"入门"应用程序

2.1.2　应用程序的显示

应用程序是指用户当前在使用的应用（Application）。应用程序界面会显示用户正在使用的应用程序、相关数据或者图形的工作区。图 2-3 所示为"我的 Teamcenter"应用程序界面。

图 2-3　"我的 Teamcenter"应用程序界面

应用程序界面相关功能介绍如下：

①后退与前进：根据已加载的应用程序使用历史，单击按钮后在当前应用程序下后退到前一应用或前进到后一应用，单击按钮旁的小箭头，则可从加载的程序列表里面选择要使用的应用程序。

②应用程序横幅：显示当前所在应用程序的名称。

③人员（用户）：其中组 / 角色 / 站点显示当前使用者的用户组、角色、站点信息，双击该按钮，可切换用户的角色与组等。

④搜索框：进行预定义的快速搜索，如零组件 ID 号、零组件名称等，可从其中选择高级搜索功能。

⑤浏览面板：提供给用户最常使用的数据快捷访问功能。单击"重排"按钮，可设置浏览面板各部分的顺序。

⑥应用程序面板：显示当前进程下打开的应用视图。

⑦主要应用程序按钮：提供对最常用的 Teamcenter 应用程序视图的访问功能。

⑧次要应用程序按钮：提供对其他应用程序视图的访问功能。

图 2-4 所示为用户使用"入门"（Get Started Teamcenter）应用程序界面，其功能介绍如下：

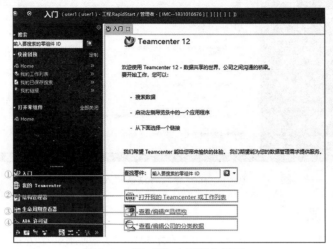

图 2-4 "入门"应用程序界面

①查找零件：该选项与浏览面板里面的搜索框是等同的。

②打开"我的 Teamcenter"或工作列表：加载"我的 Teamcenter"或者工作列表或者 Home 文件夹。

③查看 / 编辑产品结构：加载与显示结构管理器应用程序。

④查看 / 编辑公司的分类数据：加载与显示分类应用程序。

2.1.3 切换角色

前面登录到 Teamcenter 客户端是以默认的账号（Account）或者用户（User）登录的，连同该账号，则有一默认的角色（Role），代表当前账号拥有的职能或承担的职责。通常，一个用户（User）会有多个职责或职能。处理不同的任务，需使用不同的角色（Role）。对进程的设置允许用户改变当前的角色（Role）与组（Group）。有以下两种方法实现：

方法 1：通过用户界面的下拉菜单改变当前进程的角色。

1）选择菜单栏"编辑"→"用户设置"，系统会显示"用户设置"对话框，如图 2-5 和图 2-6 所示。

图 2-5 "用户设置"菜单

图 2-6 "用户设置"对话框

2）选择新的"组""角色""卷"或者"本地卷"，如图 2-7~ 图 2-9 所示，（注："组"选项只显示激活用户所在组，对于非激活用户的组，当前用户无法切换。）

图 2-7　选择"组"

图 2-8　选择"角色"

3）"客户端应用程序"暂不做修改，单击"确定"按钮，系统会应用最新的设置。如果切换到新的角色，则设置完成，效果如图 2-10 所示。

图 2-9　切换后效果

图 2-10　修改后效果

方法 2：通过用户标签改变当前进程的角色。

1）直接在当前应用程序横幅旁边双击，选中用户标签，如图 2-11 所示。

图 2-11　双击当前应用程序横幅

2）系统弹出"用户设置"对话框，设置方法同方法 1。

以上两种方法都可用于切换当前用户的角色。

2.1.4 个人工作区

个人工作区是指每个用户的 Home 文件夹。当用户使用"我的 Teamcenter"视图时，系统会默认显示 Home 组件视图，其中最明显的是有一个 Home 文件夹，大部分的个人数据，都习惯放在 Home 文件夹下。

Home 文件夹使用了默认的 Teamcenter 组件视图，支持标准的浏览功能，如展开、展开所有、双击，以及上下文关联的快捷菜单。Home 文件夹如图 2-12 所示。如图 2-13 所示，单击"在本地查找"按钮，可以看到"过滤文本"框，在其中输入要搜索的关键字，系统会开始动态过滤结果，如图 2-14 所示。

图 2-12　个人工作区 Home 文件夹

图 2-13　在本地查找

图 2-14　过滤文本

如输入"NX"，则个人工作区自动过滤出 NX 文件夹，如图 2-15 所示。清除掉 NX 关键字，系统自动恢复原先显示的文件夹，如图 2-16 所示。

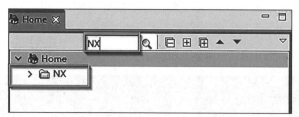

图 2-15　输入"NX"

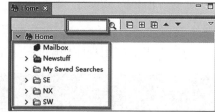

图 2-16　清除过滤文字

单击"折叠到根对象"按钮 ⊟，会把当前显示的对象全部隐藏起来，如图 2-17 所示。单击后的显示效果，如图 2-18 所示。单击"展开选定的对象"按钮 ⊞，系统会将整个 Home 文件夹展开下一级的对象，如图 2-19 所示。

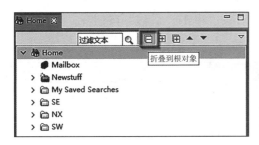

图 2-17　折叠到根对象

图 2-18　折叠到根对象效果

图 2-19　展开选定对象

展开后的效果如图 2-20 所示。单击"展开到所有级别" 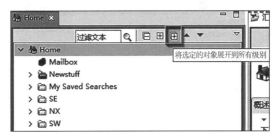，如图 2-21 所示，系统会展开 Home 文件夹下所有层级对象，如图 2-22 所示。

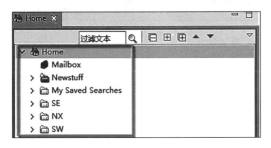

图 2-20　展开选定对象效果

图 2-21　将选定的对象展开到所有级别

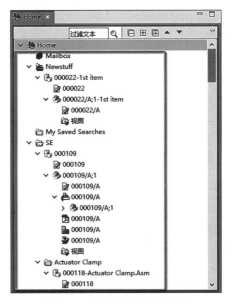

图 2-22　展开所有级别效果

选中一个零组件对象，单击"上移"按钮 ▲，如图 2-23 所示，对应的零组件就在文件里面上移了显示的位置，如图 2-24 所示。选中相应对象，单击"下移"按钮 ▼，如图 2-25 所示，相应对象的位置则向下移动，如图 2-26 所示。

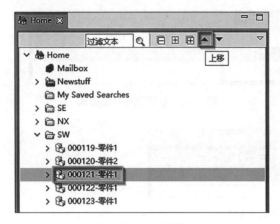

图 2-23 上移对象

图 2-24 上移对象效果

图 2-25 下移对象

图 2-26 下移对象效果

单击"移动"按钮 ▼，则可以针对对象选择四种移动方式：上移、下移、置顶以及置底。上移、下移效果如图 2-24 和图 2-26 所示。

单击"置底"按钮，如图 2-27 所示，对象置底效果如图 2-28 所示。

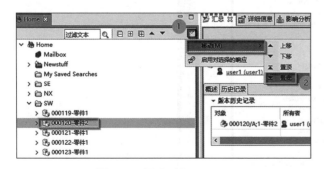

图 2-27 置底对象

图 2-28 置底对象效果

选择"置顶"，如图 2-29 所示，置顶效果如图 2-30 所示。

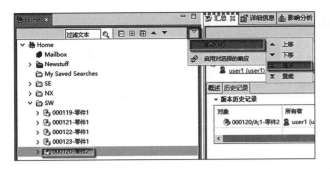

图 2-29　置顶对象　　　　　　　　　　　　　　　图 2-30　置顶对象效果

在个人工作区的右侧是其他的视图，默认顺序为"汇总""详细信息""影响分析""查看器""JT 预览器"以及"流程历史记录"，如图 2-31 所示。

图 2-31　各种视图

1）"汇总"视图显示所选择的对象的属性，也可以对拥有相应权限的对象的名称及描述进行编辑，如图 2-32 所示。

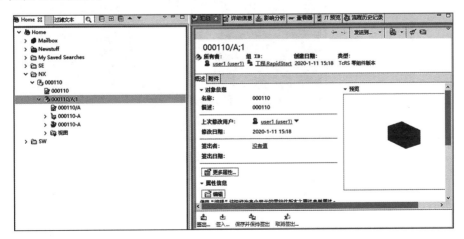

图 2-32　汇总视图

2）"详细信息"视图是用标签的方式显示当前对象下层的所有子对象的属性，如图 2-33 所示。

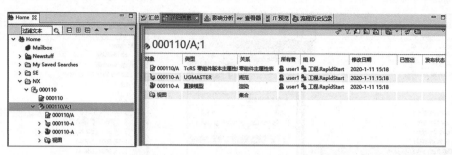

图 2-33　详细信息视图

3）"影响分析"视图可以显示选中对象的"被使用"和"被引用"的关系说明，如图 2-34 所示。

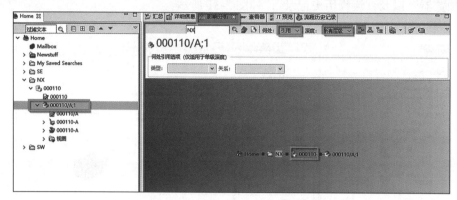

图 2-34　影响分析视图

4）"查看器"视图可以显示 2D 或 3D 数据，如图 2-35 所示。

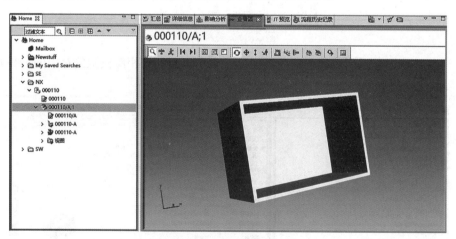

图 2-35　查看器视图

5）"JT 预览"视图中可以预览当前节点里的".jt"文件，在该界面下可以预览 3D 结构，如图 2-36 所示。

6）"流程历史记录"视图用于显示对象在工作流程中的历史，如图 2-37 所示。

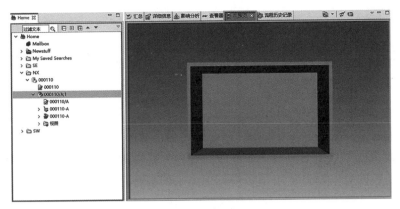

图 2-36　JT 预览视图

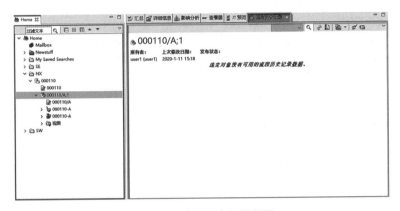

图 2-37　流程历史记录视图

◉ 练习

1）使用"入门"功能，打开"我的 Teamcenter"应用程序。

2）检查当前应用程序的名称，切换当前用户的角色和组。

2.2　数据结构

话题导入

　　Teamcenter 有许多不同类型的基本数据，这些不同类型的数据在 Teamcenter 里面是如何组织的？应该如何在 Teamcenter 中放置这些数据，使得数据的查看和使用不会凌乱，从而达到高效的目的？

　　在回答上述问题之前，先介绍 Teamcenter 中最常见的零组件（Item）业务对象的基本结构，包含有零组件（Item），零组件主属性（Item Master Form），零组件版本（Item Revision）和零组件版本主属性（Item Revision Master Form），并且任何零组件的基本结构都如图 2-38 所示。

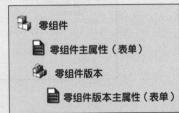

图 2-38　零组件基本结构图

2.2.1 零组件

零组件代表零件、组件、文档或者产品类型的数据，零组件在 Teamcenter 中用来收集广泛适用于零组件的所有版本的数据。图 2-39 所示标识出来的都是零组件。

2.2.2 零组件的版本

零组件的版本，顾名思义就是零组件的各种版本，反映了零件、组件或者产品在形状、适用情况或功能方面的变化，是管理零组件更改（修订）的数据对象。图 2-40 所示中标识出来的都是对应零组件的版本。

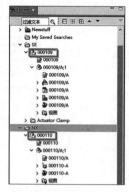

图 2-39　零组件示例

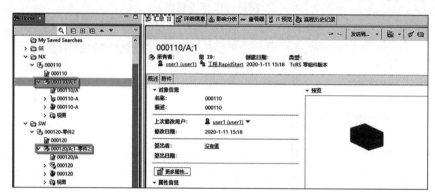

图 2-40　零组件版本

2.2.3 数据集

数据集是由其他软件应用程序创建的数据文件，也称为"命名引用"，有可视化文件、Text 文本文件和 Word 文档等类型。双击数据集将其打开时，系统将启动与该数据集关联的软件应用程序，而不展开容器。图 2-41 与图 2-42 展示了两种类型的数据集。

选择"直接模型"类型的数据集对象，右击选择"命名的引用…"，如图 2-43 所示，来查看对应的其他软件创建的数据文件，如图 2-44 所示。

图 2-41　UGMASTER 数据集

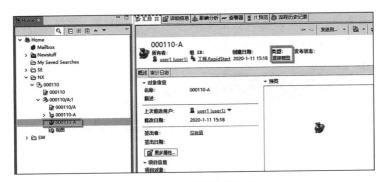

图 2-42　直接模型数据集

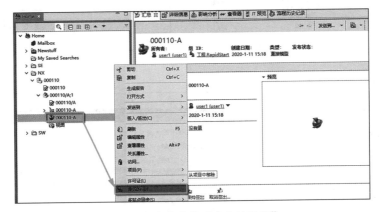

图 2-43　右击菜单"命名的引用"

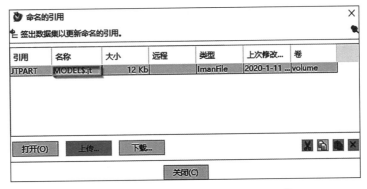

图 2-44　"命名的引用"对应的数据文件

2.2.4　版次

版次是数据集对应的版本，按照阿拉伯数字 0、1、2……顺序递增。在 Teamcenter 会话过程中运行已封装的软件应用程序，例如使用 MSWord，打开 MS WordX 类型的数据集时，系统就会创建数据集版本，并将截获保存命令保存新的数据集版本。Teamcenter 将继续管理多个数据集版次，直至达到版次数目限制。超出版次限制时，将会从数据库中清理数据集的最早版次，以便为该新版次腾出空间。

图 2-45 和图 2-46 显示了某数据集存在两个版次：按照系统设置，"000110-A"对应的版次是"000110-A;2"（最新的）。通过选中该数据集，右击选择菜单"查看属性"，如图 2-47 所

示，结果如图 2-48 所示，显示了默认数据集版次（版本）为 2，就是"000110-A"对应的版本。而系统最多允许可以存储 3 个版次（版本）。

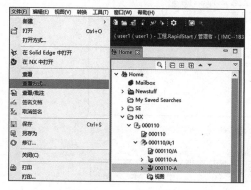

图 2-45　查看数据集版次（版本）

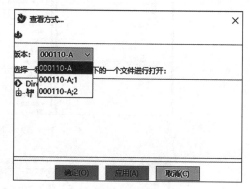

图 2-46　数据集各版次（版本）

图 2-47　查看数据集属性

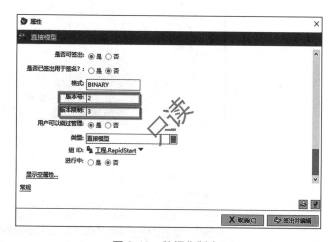

图 2-48　数据集版本

2.2.5　文件夹

文件夹是 Teamcenter 用来收集对象的一种容器。在系统里面虽然都是文件夹，但图标是不一样的，有三种默认的文件夹，即 Home 、Mailbox 和 Newstuff ，都是由系统创建的，使用了不同的图标。

文件夹在 Teamcenter 里有什么用处？文件夹可以用来管理和区分公司层面和单独用户的数据。以下是文件夹使用中的注意点：

1）公司可能使用文件夹来可视化管理产品数据。

2）文件夹可以按照实际需要，创建成任意层嵌套，即文件夹下放文件夹。

3）数据可以被任意数量的文件夹引用，即文件夹里面放置同一个数据的引用指针。

4）Teamcenter 中的文件夹不完全等同于操作系统中的目录。因为当用户删除 Teamcenter 的文件夹时，只有文件夹本身会被删除，文件夹的内容不会被删除。

另一种是伪文件夹，它是一种特殊的容器，用来存储和显示在"我的 Teamcenter"应用里面零组件和零组件版本下的各种关系。伪文件夹用于显示关系，在 Teamcenter 里面不是实

际的文件夹对象。伪文件夹通过层级结构使用户可以很容易查看和浏览与当前对象相关的其他对象。Teamcenter 会自动为了显示多种零组件类型的关系而创建伪文件夹，可以通过优先选项来指定将要作为伪文件夹显示的属性。

下面介绍"我的 Teamcenter"应用里面三个自动创建的文件夹：

1）Home ：用户可以将要用于工作的对象都放在 Home 文件夹里面，或放在 Home 文件夹的子文件夹中。

2）Mailbox ：用于接收 Teamcenter 发给用户本人的邮件。如果有新邮件发给当前用户，可以看见该文件夹会有信封标记出现。

3）Newstuff ：新创建的数据库对象默认存放的地方。用户可通过单击菜单"编辑"→"选项"，选择"不带选定对象插入"即可，如图 2-49 所示。

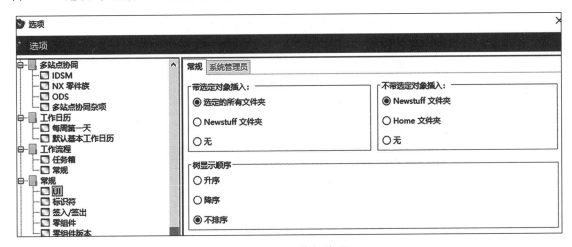

图 2-49　UI 常规选项

创建一般文件夹的操作步骤如下：选中 Home 文件夹，然后选择菜单"文件"→"新建"→"文件夹"，如图 2-50 所示。弹出"新建文件夹"对话框，选择"最近使用"的"文件夹"或者直接选择"完整列表"下"文件夹"，单击"下一步"按钮，如图 2-51 所示。弹出"新建文件夹"对象创建信息对话框，"*"是必须要输入的信息，如图 2-52 所示。然后单击"完成"按钮，创建出新文件夹，如图 2-53 所示。

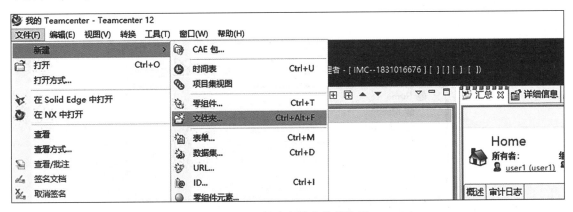

图 2-50　新建文件夹菜单选项

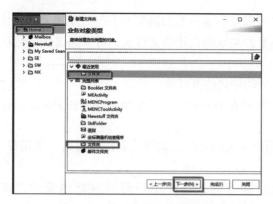

图 2-51 新建文件夹选择类型

图 2-52 新建文件夹创建信息对话框

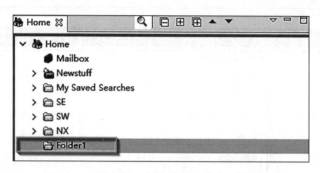

图 2-53 创建出新文件夹

● 练习

1）创建一零组件，在其零组件版本以下创建 text 类型的数据集。

2）修改新建的数据集，查看数据集的版次。

2.3 数据操作

2.3.1 新建零组件

新建零组件是最常见的操作任务，是必须掌握的内容。

新建零组件的操作步骤如下：

1）为零组件选择容器，例如文件夹或另一个零组件，如图 2-54 所示选择文件夹为容器。

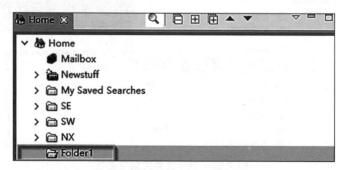

图 2-54 选择文件夹为容器

2）选择"文件"→"新建"→"零组件",如图 2-55
所示,系统将显示"新建零组件"对话框,如图 2-56
所示,选择要创建的零组件类型。

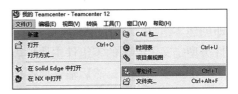

3）单击"下一步"按钮,系统将显示零组件信
息输入框,如图 2-57 所示,其中输入零组件的零组件
ID、版本和名称,或单击"指派"自动生成零组件 ID
和版本,如图 2-58 所示。

图 2-55　新建零组件菜单选项

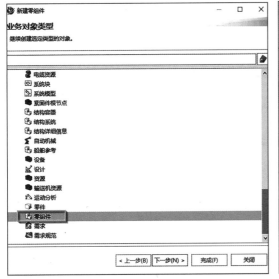

图 2-56　新建零组件类型

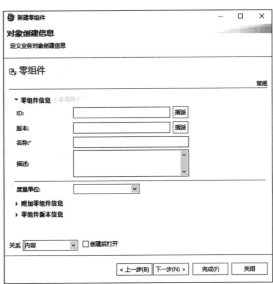

图 2-57　新建零组件对象创建信息对话框

图 2-58　指派生成零组件信息

4）输入零组件的描述并选择度量单位。此时,已提供了定义零组件所需的所有信息。

5）单击"下一步"按钮进入下一步骤，并进一步定义零组件，或者单击"完成"按钮立即创建零组件。如图 2-58 所示，单击"完成"按钮，最终效果如图 2-59 所示。注：若为零组件类型定义了必需的零组件主属性表或零组件版本主属性，则在单击"完成"按钮之前必须单击"下一步"按钮，然后输入属性信息。

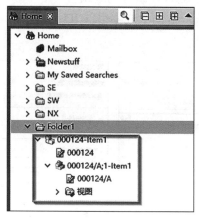

图 2-59　完成新建零组件

2.3.2　添加数据集

1）选择新数据集将驻留的文件夹、零组件或零组件版本，如图 2-60 所示选择新建的零组件版本。

图 2-60　选择新建的零组件版本

2）选择"文件"→"新建"→"数据集"或按＜ Ctrl + D ＞键，如图 2-61 所示。弹出"新建数据集"对话框，如图 2-62 所示。在"名称"框中输入描述性名称（最多可达 128 个英文字符或 42 个汉字），此名称应尽量简短，以便在"我的 Teamcenter"应用树中能够看到完整的名称。在"描述"框中输入描述信息（最多可达 240 个 ASCII 字符），以帮助标识此数据集，输入相关信息如图 2-63 所示。

3）从类型栏中选择一种数据集类型。若没有找到要查找的类型，则单击"更多"以显示所有已定义的数据集类型，如图 2-64 所示，例如可以选择"直接模型"。如有多个选项可用，则选择所用工具选项来编辑数据集文件。

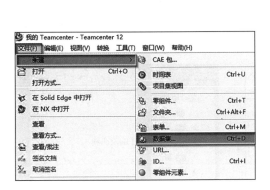

图 2-61　新建数据集菜单

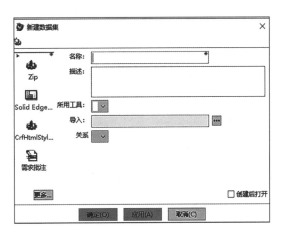

图 2-62　新建数据集对话框

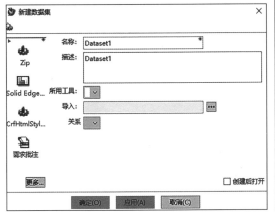

图 2-63　新建数据集输入信息

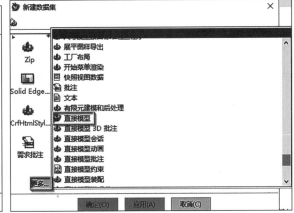

图 2-64　新建数据集选择"直接模型"

4）如果要选择上传文件，则单击"导入"框右侧的按钮，如图 2-65a 所示，显示"上传文件"对话框，浏览要导入的文件，选择该文件后单击"上传"按钮导入，如图 2-65b 所示。

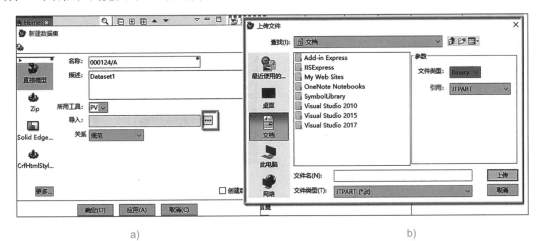

a)

b)

图 2-65　新建数据集导入文件

5）在"新建数据集"对话框中勾选"创建后打开"，将启动与该数据集相关联的工具，并在创建后立即打开文件。

6）若要关闭对话框，且不保存所输入的信息，单击"取消"按钮。单击"确定"或"应用"按钮，将信息保存到数据库中，如图 2-66 所示。最终效果如图 2-67 所示。

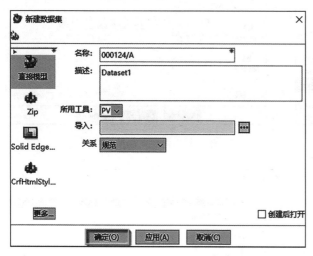

图 2-66　新建数据集设置完成

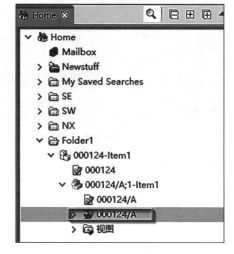

图 2-67　新建数据集效果

2.3.3　删除

对于所有的对象在没有使用、引用、签出和发布的情况下，都是可以删除的。可以通过"编辑"菜单下"删除"命令删除选中对象，如图 2-68 所示；或者直接单击菜单栏中"删除"图标删除对象，如图 2-69 所示。

图 2-68　删除数据集菜单命令

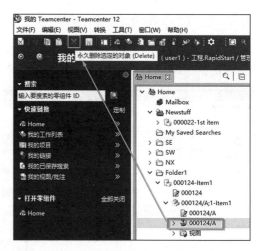

图 2-69　删除数据集图标

在"删除"对话框中单击"确定"按钮，如图 2-70 所示，最终结果如图 2-71 所示。

图 2-70　删除数据集对话框

图 2-71　数据集删除效果

2.3.4　签入和签出

　　签入和签出可以将对象签入 Teamcenter 数据库，也可从其中签出对象，以预留独占访问并防止其他用户修改数据，其使用原理如图 2-72 所示。

　　签出选项可锁定数据库中的对象，以便只有签出的用户才能修改该对象。签入选项可解除锁定，从而允许其他用户访问对象。仅管理员可以避开签出功能提供的安全保护。

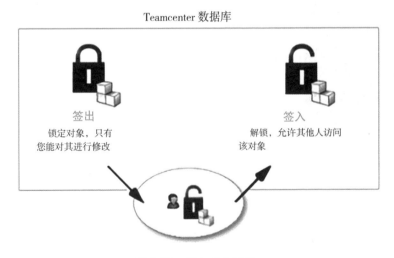

图 2-72　签入签出原理

　　签出可以是显式的，也可以是隐式的。使用菜单命令或单击按钮签出对象时，将发生显式签出。完成修改后，必须选择签入该对象。从 Teamcenter 中打开数据集时，将发生隐式签出。仅当对象未签出时，才发生隐式签出。关闭文档之后，签入将自动发生。

　　可将以下对象签入和签出数据库：文件夹、零组件和零组件版本、数据集、表单、BOM视图和 BOM 视图版本。

　　在之前零组件版本下添加一个文本类型的数据集，显式签出操作步骤如下：

　　1）选中数据集，右击弹出菜单，选择"签入签出"→"签出"选项，如图 2-73 所示。

图 2-73　右击数据集签出

2）用户可看到"正在签出"的对话框，如图 2-74 所示。

图 2-74　正在签出对话框

3）单击"确定"按钮，签出后，注意到数据集多了一个签出的标记，如图 2-75 所示。

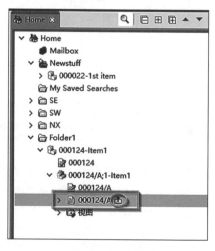

图 2-75　签出标记

签入操作同样选中对象，右击菜单后选择"签入签出"→"签入"选项，如图 2-76 所示。也可以选择"取消签出"，在图 2-76 中，做签入操作时，可查看签出者、签出日期等信息。

图 2-76　右击菜单签入

单击"确定"按钮后，弹出"正在签入"对话框，如图 2-77 所示。之前的数据集在签入后，签出标记也就不见了，如图 2-78 所示。

图 2-77　"正在签入"对话框

图 2-78　数据签入后

隐式签出操作可双击文本数据集000124/A，系统会调用应用程序打开数据集，同时也就签出了该对象，如图2-79所示。关闭应用程序，数据集也就被签入了，如图2-80所示。

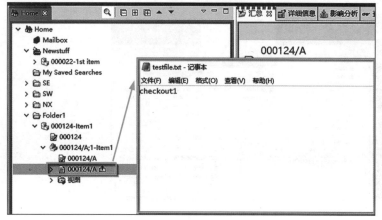

图2-79　双击对象隐式签出　　　　　　　　　　　　　　　　图2-80　隐式签入完成

2.3.5　升版和另存

零组件升版是在原先零组件版本基础上新建更新的版本取代旧的版本，该操作可以使用"修订"命令。

操作步骤如下：

1）选中要修订的起始版本，然后通过菜单选择"文件"→"修订"选项，如图2-81所示。

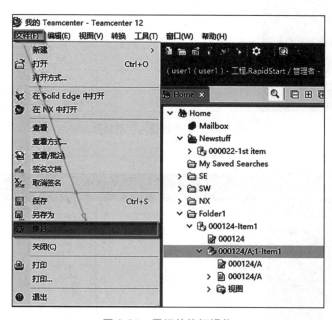

图2-81　零组件修订操作

2）弹出"修订"对话框，输入必要信息，之后单击"完成"按钮，如图2-82所示。

3）升版成功，显示零组件新的版本在老版本之下，如图2-83所示。

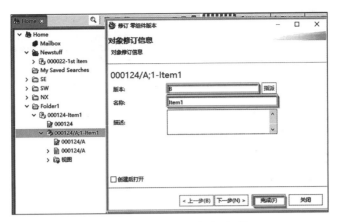

图 2-82　修订零组件版本对话框

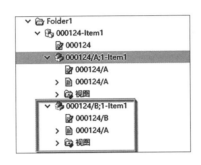

图 2-83　零组件新版本

"另存"是对零组件和零组件版本的操作，可在数据库新建一个独立的对象，老的零组件仍然会继续使用。根据选中的对象，可以分以下两种情况操作另存：

第一种，选择零组件来另存，如图 2-84 所示。弹出"将零组件另存为"对话框，如图 2-85 所示，其中指派 ID 号，输入名称，描述可以不输入，单击"完成"按钮，如图 2-86 所示。零组件另存为之后结果如图 2-87 所示。

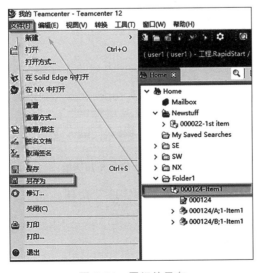

图 2-84　零组件另存

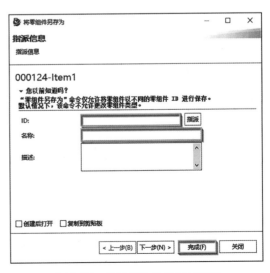

图 2-85　将零组件另存为对话框

27

图 2-86　将零组件另存为对话框输入相应信息

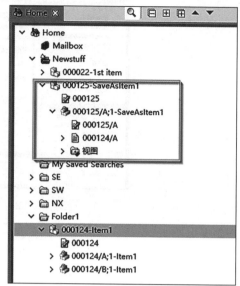

图 2-87　零组件另存为之后结果

第二种，为选择的零组件版本进行另存操作，如图 2-88 所示，单击"另存为"，会弹出"将零组件版本另存为"对话框，如图 2-89 所示。

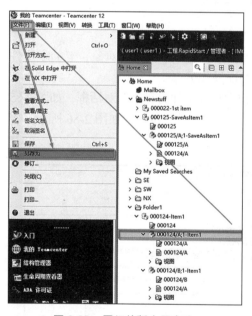

图 2-88　零组件版本另存为

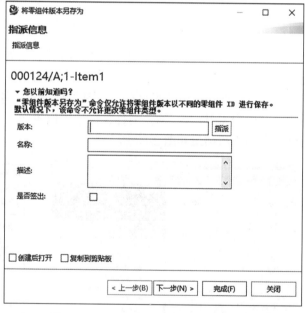

图 2-89　将零组件版本另存为对话框

如第一种方式一样，输入版本信息、名称，描述框选填，单击"完成"按钮，如图 2-90 所示，最终结果如图 2-91 所示。

图 2-90　将零组件版本另存为指派信息对话框

图 2-91　零组件版本另存为结果

● 练习

创建一零组件，尝试对其进行"签出"和"签入"操作，并进行"升版"和"另存为"操作。

2.4　产品结构管理

产品结构管理在整个产品生命周期管理过程中是非常核心的内容。

2.4.1　结构管理器与 BOM 的概念

用户通过结构管理器，可以创建、查看以及维护产品结构，并且用户还能比较产品结构，在产品结构中查找零组件。Teamcenter 管理产品结构，包括产品的装配体和零组件、CAD 设计和任何相关结构信息。

在结构管理器中，用户可以查看组成产品结构的装配体（简称装配）和零组件的缩进式列表。缩进式列表用于说明装配和零组件之间的关系。注意：装配具有自己的结构，而零件没有结构。

在"我的 Teamcenter"应用中，可以向顶级装配（产品本身）或任何装配体或零件附加 CAD 设计文件、规格文档或其他信息。另外，用户还可以向产品结构中的零组件附加零组件元素。零组件元素所代表的特征（例如焊接点或接口）不属于物理结构，但是与物理结构相关联或者由物理结构实施。用户也可以在零组件版本中查看包括直接模型数据集对象形式的 3D 可视化数据，随后在结构管理器中的嵌入式查看器中查看这些图像。

图 2-92　访问结构管理器

在"我的 Teamcenter"应用中，在左侧浏览界面中可以看见"结构管理器"选项，如图 2-92 所示。结构管理器界面如图 2-93 所示。

BOM：Bill of Materials，即物料清单。BOM 用于定义经制造或采购以构建产品结构的零件的统一列表，如图 2-93 所示。注意：BOM 不包括几何关系。

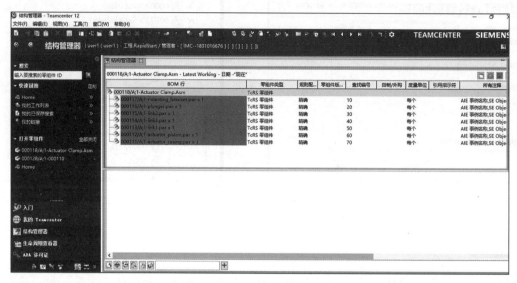

图 2-93　结构管理器界面

2.4.2　产品结构的创建、复制、删除

1. 创建产品结构

下面从零组件和零组件版本手动构建产品结构。首先需要理解 BOM 视图（BOM View）和 BOM 视图版本（BOM View Revision）的概念。

BOM 视图（BOM view）：是一种 Teamcenter 数据对象，用于管理零组件的产品结构信息。

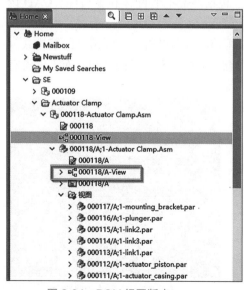

图 2-94　BOM 视图版本

BOM 视图版本（BOM view revision, BVR）：工作区对象，用于存储零组件版本的单级装配结构。可以在 BOM 视图版本结构上控制访问权，与其他数据无关。BOM 视图版本仅在创建它们的零组件版本关联中有意义。

零组件版本下的 BOM 视图版本，表示该零组件版本是一个装配件，如图 2-94 所示。

下面介绍创建一个产品结构的步骤：

1）选择要创建产品结构的零组件版本，然后通过菜单创建 BOM 视图版本，如图 2-95 所示。

2）弹出"新建 BOM 视图版本"对话框，系统会自动输入零组件 ID、版本 ID，名称无法修改，创建的 BOM 类型默认是视图类型，还有创建为"精确"还是"非精确"的选择，如图 2-96 所示。

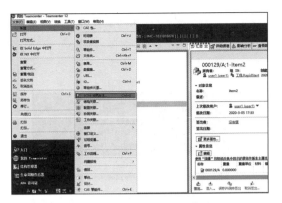

图 2-95　创建 BOM 视图版本

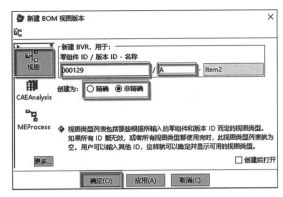

图 2-96　创建 BOM 视图版本类型

　　注意：精确与非精确 BOM 视图版本的区别是，精确 BOM 视图版本对应的精确装配（Precise Assembly）是单层装配，其组件为零组件版本，零组件版本是由版本规则中的精确条目配置的。而非精确 BOM 视图版本对应的非精确装配（Imprecise Assembly）是单层装配，其组件为零组件，版本由版本规则设置来决定。此处选择的是非精确 BVR 来创建非精确装配。

3）单击"确定"按钮，就创建了非精确 BOM 视图版本，如图 2-97 所示。

图 2-97　BOM 视图版本创建成功

4）双击 BOM 视图版本，系统会转到结构管理器界面，如图 2-98 所示。

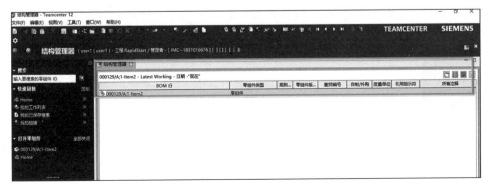

图 2-98　双击转到结构管理器

5）通过菜单添加零组件版本，步骤同之前创建零组件，作为当前装配的子零件，如图 2-99 与图 2-100 所示。

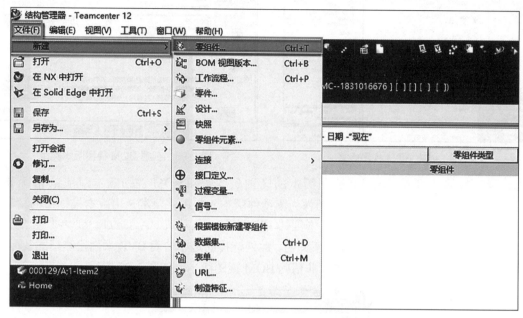

图 2-99　在结构管理器添加零组件

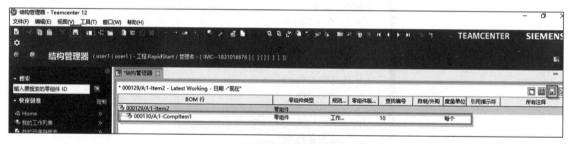

图 2-100　添加零组件结果

6）选择图 2-100 中零组件，单击"保存"按钮，结构管理器上的星号"*"标记就会消失而保存相应结果，如图 2-101 所示。

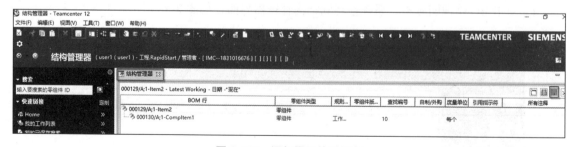

图 2-101　添加零组件后保存

7）回到"我的 Teamcenter"中查看创建结构，如图 2-102 所示。

图 2-102　在"我的 Teamcenter"中查看结构下的零组件

2. 产品结构的复制

在某些情况下，用户可能希望根据现有的产品结构新建一个产品结构，例如新产品结构与现有产品结构类似的情况，可以复制现有的产品结构，即创建一个精确副本。复制操作过程如下：

1）在"结构管理器"中打开结构并进行适当配置。复制精确结构将创建精确副本。同样，复制非精确结构将创建非精确副本。这里使用 000129-Item 装配来讲解复制的操作，如图 2-103 所示。

图 2-103　选中顶层装配

2）选择结构或结构中某个子装配的顶节点，所选定的行及其下面的所有内容都将复制到新结构中，如图 2-103 所示。

3）选择"文件"→"复制"选项，结构管理器将显示"复制"对话框，可以使用"+"和"–"按钮来展开或折叠该对话框中显示的结构树，如图 2-104 所示。

图 2-104　复制结构

4）选择或清除结构中各行左端的复选框以复制或引用在新结构中的该行，如图 2-105 所示。

5）选择"复制"对话框左侧的一个或多个复选框来确定应如何创建克隆，如图 2-106 所示。

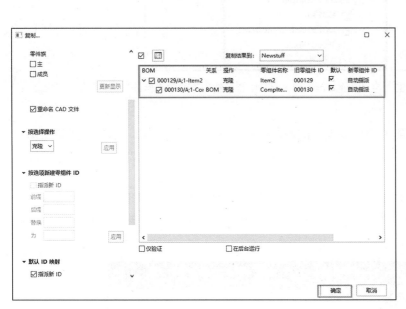

图 2-105　复制对话框

图 2-106　克隆选项

6）单击"确定"按钮后，会弹出"复制结果"信息框，如图 2-107 所示。

7）在"Newstuff"文件夹查看，如图 2-108 所示。通过双击 BVR，可以在结构管理器里观察到其结构，如图 2-109 所示。

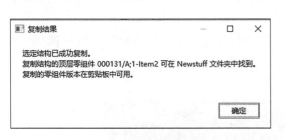

图 2-107　结构复制结果

图 2-108　我的 Teamcenter 中结构

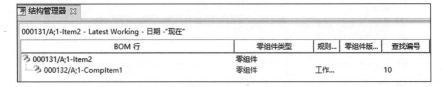

图 2-109　在结构管理器里查看新复制好的结构

3. 产品结构的删除

第一种，从产品结构中删除一个零组件，操作过程如下：

1）在产品结构中选择零组件，这里使用图 2-110 结构中的"000133/A;1-CompItem2"。

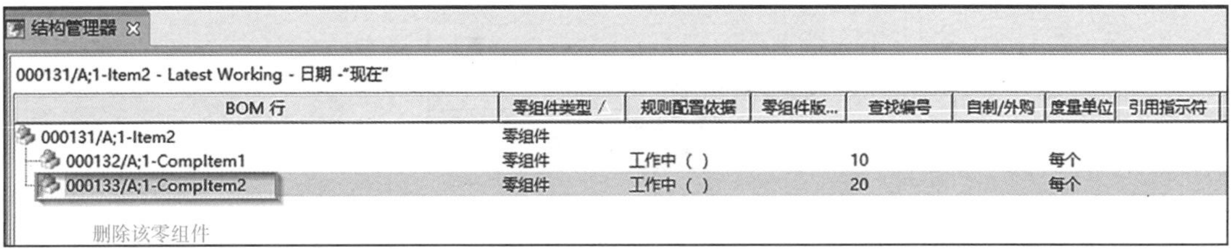

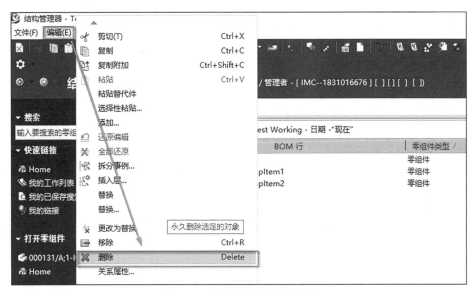

图 2-110　将要删除的零组件

2）选择"编辑"→"删除"选项（见图 2-111）或按 <Delete> 键（见图 2-112）。Teamcenter 将显示请求确认的信息，如图 2-113 所示。

图 2-111　通过菜单删除零组件

图 2-112　按 <Delete> 键删除零组件

图 2-113　删除对话框

3）单击"确定"按钮以确认并从产品结构中移除该零组件。如果用户对此零组件具有读写权限，此操作将从 Teamcenter 中永久删除该零组件。删除后效果如图 2-114 所示。

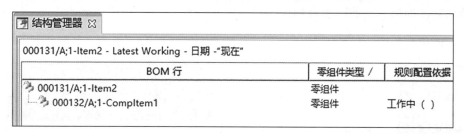

图 2-114　删除零组件后效果

第二种，删除多个零组件。

用户可以删除产品结构中所选行下面的所有零组件，此过程称为递归删除。如果用户希望从产品结构中同时删除多个嵌套装配或零组件，则此过程非常有用。当用户请求执行递归删除时，Teamcenter 会验证所选行下的零组件是否可以删除。

这里使用的结构如图 2-115 所示，具体过程如下：

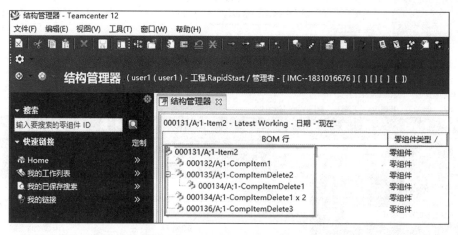

图 2-115　对该结构进行递归删除

1）在产品结构中选择一行，需要删除其下的所有零组件和装配，然后选择"编辑"→"删除"选项或者单击"删除"按钮，Teamcenter 会显示"删除"对话框，如图 2-116 所示，勾选"删除所有序列"，单击"是"按钮确认删除。

图 2-116　删除所有序列

2）系统开始删除所有适用的零组件和所选全部相关对象。当删除过程完成时，Teamcenter 将显示经过更新的浏览对话框，其中包含最初所选零组件的子结构中所有零组件的展开列表，将移除所有的重复零组件，并指出 Teamcenter 无法移除的所有零组件。删除结果如图 2-117 所示。

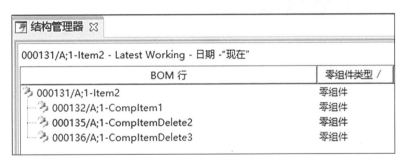

图 2-117　删除所有序列效果

第三种，删除整个装配。使用图 2-117 中的结构来讲解。

1）选择用户要删除的装配的顶层，如图 2-118 所示，然后单击菜单栏中"删除"按钮。

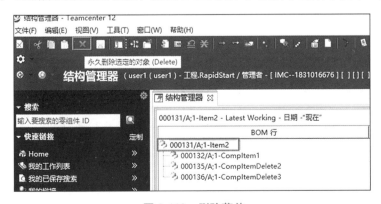

图 2-118　删除菜单

2）系统显示"删除"对话框，不修改"删除所有序列"选项，单击"是"按钮确认删除，如图 2-119 所示。

3）显示删除结果，删除整个装配效果如图 2-120 所示。

图 2-119　删除整个装配确认对话框

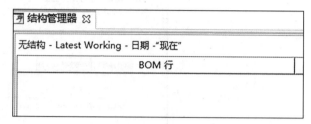

图 2-120　删除整个装配效果

在"我的 Teamcenter"中查找已经没有原先的 000131/A 装配，如图 2-121 所示。

图 2-121　无法查找到已删除装配

2.4.3　不可数物料的装配

在产品设计中，有时会遇到一些非整数数量的物料，在 Teamcenter 中也称为不可数物料或者带单位的物料。常见的不可数物料，如润滑油、其数量是 3.4L，如钢丝绳、其长度是 96.5m，这种物料在三维 CAD 中很难装配和处理。但在 PDM 系统中是可以处理的，下面介绍具体操作：

在 Teamcenter 中，创建一个"润滑油"的零组件，度量单位为 L，如图 2-122 所示。如果需要在产品结构中添加此物料，首先需要选中此物料，选择零组件或者零组件版本都可以，然后选择"复制"选项，将此物料复制到剪贴板，如图 2-123 所示。

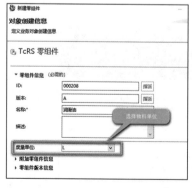

图 2-122　选择度量单位

图 2-123　复制物料

　　然后在结构管理器中打开需要添加不可数物料的装配，选中装配零组件，再进行粘贴，如图 2-124 所示。不可数物料就会出现在产品结构中，注意此时物料的数量为 0，如图 2-125 所示。

图 2-124　粘贴物料

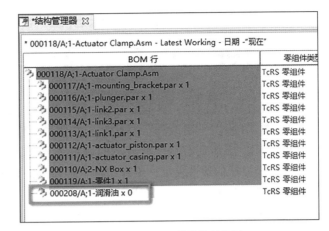

图 2-125　默认物料数量

　　在结构管理器中显示"数量"和"度量单位"列，可以在此处修改不可数物料的数量和单位，如图 2-126 所示。

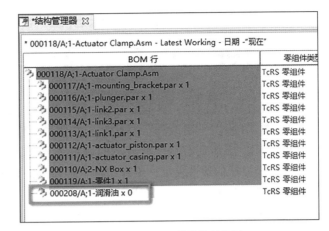

图 2-126　修改不可数物料的数量和单位

2.4.4　PSE 与三维 CAD 产品结构的关系

　　用户可以在 Teamcenter 的结构编辑器中编辑产品结构，用于自顶向下的设计或者制造 BOM 中。在用户使用三维 CAD 的情况下，设计 BOM 通常需要保持 Teamcenter 中的产品结构与三维 CAD 的装配结构一致，这称为 BOM 映射。

　　在大多数情况下，BOM 会从三维 CAD 映射到 Teamcenter 中，这称为单向映射。Teamcenter 默认支持 6 种 CAD 的映射，它们分别是 CATIA、Creo、Inventor、NX、Solid Edge 和 SolidWorks。其中西门子产品 NX 和 Solid Edge，支持从 Teamcenter 到三维 CAD 的双向结构映射。

2.4.5　定制结构管理器属性的显示

　　通过定制结构管理器属性的显示功能，在结构管理器中直接显示用户想要显示的属性。通过右键单击 BOM 窗口并在快捷菜单中选择插入列，可以在 BOM 表树中添加或移除属性列。默认情况下，Teamcenter 会显示所有可用属性的选择列表，从而添加或移除可能包含大量系统属性和定制属性的列。

图 2-127 显示了结构管理器默认显示的属性。

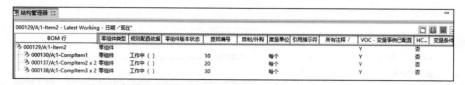

图 2-127　结构管理器默认显示的属性

1）右击 BOM 窗口，显示图 2-128 所示菜单，选择"插入列"。

2）图 2-129 为"更改列"对话框，左侧是可以添加的属性，选中相应属性后，可以单击中间的"+"，添加到右侧已经显示的属性列表里，也可以选择右侧的属性，通过单击"-"，把相应已经显示的属性移走，不在结构管理器里面显示为列。右侧的属性表还能通过上下箭头调整显示的列的顺序。

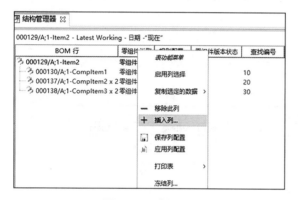

图 2-128　插入列

图 2-129　更改列

3）选择"零组件版本已签出"属性，单击"+"后，添加该属性到右侧显示的列里面，操作如图 2-130 所示，结果如图 2-131 所示。

图 2-130　添加到显示的列

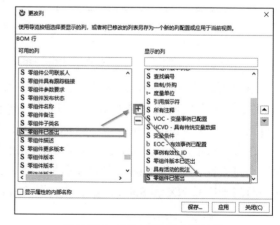

图 2-131　添加到显示的列结果

4）通过"显示的列"旁上下箭头，调整所添加的属性在列表中的显示顺序，此处把"零件组已签出"调整为第一位，如图 2-132 所示，然后单击"应用"按钮，关闭更改列对话框。

显示的列
S 零组件已签出
S BOM 行
S 零组件类型
S 规则配置依据
S 零组件版本状态
S 查找编号
S 自制/外购
度量单位
S 引用指示符
S 所有注释
将选定的列上移一层

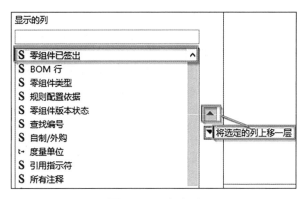

图 2-132　上移列

5）图 2-133 显示了添加结构管理器属性后的结果。

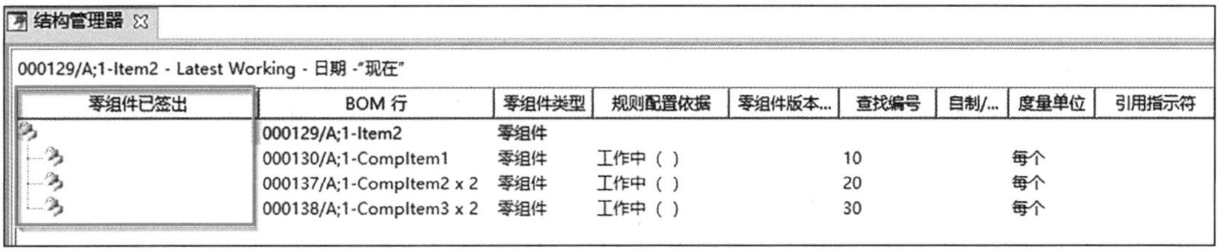

结构管理器
000129/A;1-Item2 - Latest Working - 日期 -"现在"
零组件已签出
BOM 行
零组件类型
规则配置依据
零组件版本...
查找编号
自制/...
度量单位
引用指示符
000129/A;1-Item2 零组件
000130/A;1-CompItem1 零组件 工作中 ( ) 10 每个
000137/A;1-CompItem2 x 2 零组件 工作中 ( ) 20 每个
000138/A;1-CompItem3 x 2 零组件 工作中 ( ) 30 每个

图 2-133　属性添加结果

6）如果要移除属性列，只需要选中对应的属性框，右击选择“移除列”选项，如图 2-134 所示。

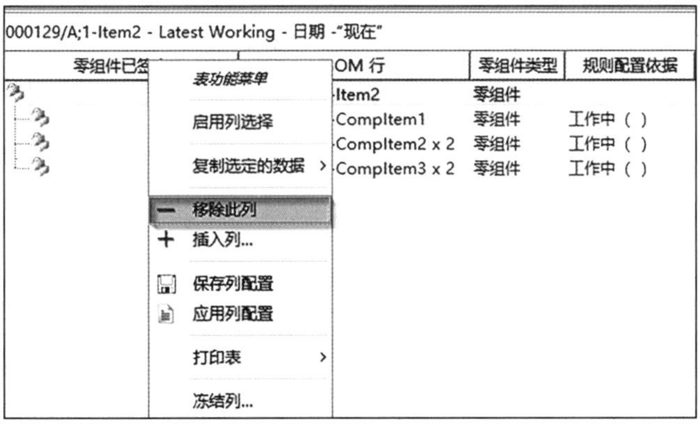

000129/A;1-Item2 - Latest Working - 日期 -"现在"
表功能菜单
启用列选择
复制选定的数据
移除此列
插入列...
保存列配置
应用列配置
打印表
冻结列...
零组件类型
规则配置依据

图 2-134　移除此列

7）弹出“移除列”对话框，如图 2-135 所示，单击“是”按钮，移除列显示效果如图 2-136 所示。

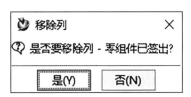

移除列
是否要移除列 - 零组件已签出?
是(Y)
否(N)

图 2-135　移除列对话框

结构管理器 ✕				
000129/A;1-Item2 - Latest Working - 日期 -"现在"				
BOM 行	**零组件类型**	**规则配置依据**	**零组件版本...**	**查找编号**
000129/A;1-Item2	零组件			
000130/A;1-CompItem1	零组件	工作中（）		10
000137/A;1-CompItem2 x 2	零组件	工作中（）		20
000138/A;1-CompItem3 x 2	零组件	工作中（）		30

图 2-136　移除列效果

2.4.6　精确装配和非精确装配

在创建 BOM 视图版本（BVR）时有非精确（Imprecise）和精确（Precise）的区别。非精确装配是动态结构，包含其组件的零组件（事例）的链接，而不包含零组件版本的链接，且将零组件（而不是特定的零组件版本）称为其组件。Teamcenter 会应用某个版本规则以在加载组件时确定产品结构中每个组件的版本。当任何用户发布零件、创建新零件或进行影响视图的任何其他行为时，将自动配置非精确产品结构。因此，用户无需复制产品结构，也无需每次对产品结构进行手动更新。

精确装配是特定零组件版本的固定结构。精确装配包含其组件的零组件版本（事例）的链接，但不包含零组件的链接。通常当用户将装配从 CAD 软件系统里面导入到 PDM（PLM）中时，导入的装配都是默认为精确装配，当用户将这些组件中的任一组件修改为新的版本时，原装配不会自动更新，仍然会使用旧零组件版本。所以装配必须通过移除组件的旧版本并添加新版本而手动更新（手动保存）。精确装配可用在重要的控制配置的场合中，例如在产品设计阶段或者在航天制造环境中。

图 2-137 显示了非精确装配和精确装配中配置零组件的差别。

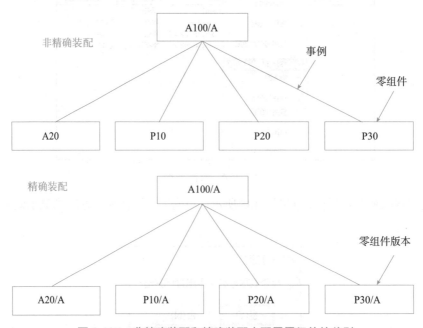

图 2-137　非精确装配和精确装配中配置零组件的差别

如图 2-138 所示，在非精确装配的配置下，灰色框表示该配置下使用的零组件版本，图中上下两种配置规则使用的零组件版本随着不同的版本规则而发生变化，甚至出现了不存在的情况，如工作状态下"P30/??"。PSE 代表结构管理器。

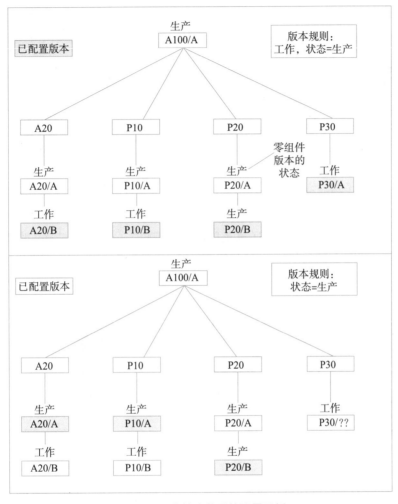

图 2-138　非精确装配的配置示例

图 2-139 所示为一个精确装配结构。

图 2-140 所示给出了该精确装配在"我的 Teamcenter"里面的零组件关系，注意视图下保存的是零组件版本。

图 2-139　精确装配结构

图 2-140　精确装配下的零组件版本

图 2-141 所示为一个非精确装配图，使用版本规则为"最新工作"（Latest Working）。

图 2-142 所示为该结构在"我的 Teamcenter"中零组件关系图，注意视图下保存的是零组件，而非零组件版本。

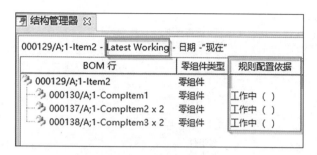

图 2-141 非精确装配结构

图 2-142 非精确装配下零组件

通过以下简单操作将精确装配更改为非精确装配：

1）打开一个精确装配，如图 2-143 所示。

2）选中顶层装配线 000139/A，通过菜单选择"编辑"→"切换精确/非精确"选项，单击"切换"按钮，如图 2-144 所示。

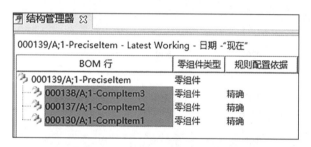

图 2-143 打开一个精确装配

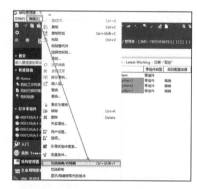

图 2-144 切换精确与非精确装配

3）此时结构管理器会自动更新成非精确装配，注意星号"*"表示编辑过了，系统会高亮黄颜色的"保存"按钮，才能保存为非精确装配，如图 2-145 所示。

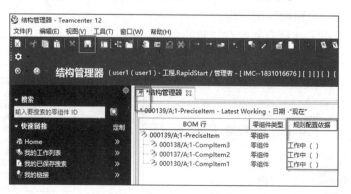

图 2-145 保存切换结果

4）单击"保存"按钮后，星号"*"就消失了，如图 2-146 所示。

5）查看"我的 Teamcenter"中 000139/A 装配下零组件关系，如图 2-147 所示，显然是非精确装配。

图 2-146　保存后显示效果

图 2-147　确认为非精确装配

6）通过继续使用编辑菜单下的"切换精确／非精确"，然后保存，又可以存成精确装配，如图 2-148 所示与图 2-149 所示。

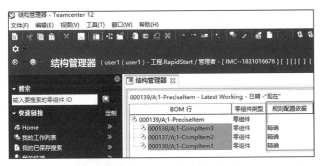

图 2-148　精确规则配置

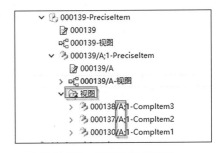

图 2-149　确认为精确装配

2.4.7　版本规则

用户可以通过配置版本在产品结构中选择相应的组件版本。版本规则用于设置选择版本的准则，如下所述：

1）选择工作版本，并且（视情况）指定所有权用户或组。

2）以特定状态（根据状态分层结构）或最新状态（根据发布的日期）来选择发布的版本。

3）根据情况，指定版本的日期或单元编号有效性。

4）在指定的替代文件夹中选择版本。

5）根据版本 ID（按字母／数字顺序或创建日期）选择最新版本。此选择过程与版本是否为工作中或已发布无关。

上述各条准则均由一条规则条目定义。一条版本规则由任意数目的规则条目组成，每个条目试图根据相关准则选择一个版本。例如，条目可定义版本应该具有的状态，以及哪一用户或组拥有该版本。规则条目按优先顺序进行评估直到成功配置某一版本。某些条目（如状态）可被包含多次以定义分层结构，例如：

• Working (Owning Group = Project Y)

• Has Status (Production, Effective Date)

• Has Status (Pre-Production, Effective Date)

可以修改规则条目的顺序，以更改评估版本规则时使用的优先权。某些规则条目还可以归类成组，这样在评估这些条目时，将使用相同的优先权。

用户可以通过零组件的版本控制情况来管理对产品结构的更改，需要新建零组件版本的更改包括添加或移除（产品结构）组件、与其他零组件的关系、对封装数据（数据集）以及描述零组件的元数据的更改，通过应用合适的版本规则，可以设置指定时间内的结构配置；无法同时查看多个配置，如果要查看另一个配置，则必须应用一个不同的版本规则。

一般的版本规则可能具有三个规则条目：

- 最近工作中的
- 最新的（任何状态，由发布数据配置）
- 当前日期

如果某零组件具有以下版本，则此规则将配置版本 C：

- A——产品状态（发布日期 = 2020 年 1 月 1 日）
- B——预发布状态（发布日期 = 2020 年 2 月 1 日）
- C——工作中的

如果规则具有以下条目，则此规则将配置版本 B：

- 最新的（任何状态，由发布数据配置）
- 最近工作中的
- 当前日期

如果当前日期是 2020 年 1 月 10 日，则此规则将配置版本 A。

在结构管理器中打开装配"000129/A"，单击菜单上■按钮，如图 2-150 所示。

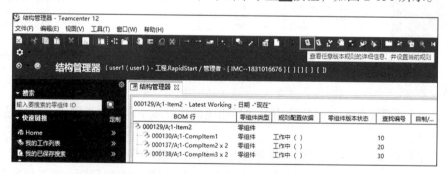

图 2-150　查看版本规则按钮

图 2-151 显示了当前正在使用的版本规则。可通过更换版本规则，选择不同的版本规则以查看装配下面零组件版本的变化。

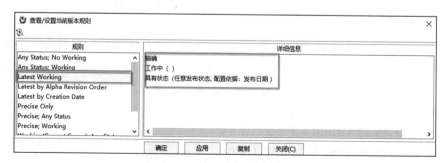

图 2-151　当前使用的版本规则

1）版本规则切换到"Any Status, No Working"，如图 2-152 所示，结果如图 2-153 所示。

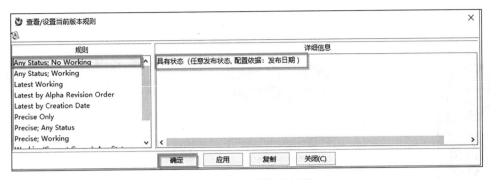

图 2-152　切换版本规则

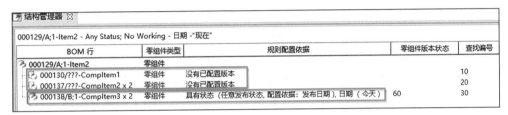

图 2-153　应用版本规则结果

2）版本规则切换到"Any Status; Working"，如图 2-154 所示，结果如图 2-155 所示。

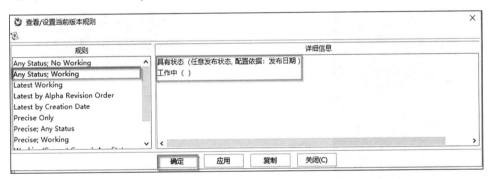

图 2-154　切换版本规则

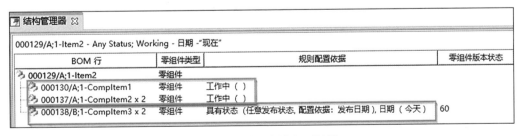

图 2-155　应用版本规则结果

如果用户是特权用户，则可以使用以下两个对话框来创建或编辑版本规则。

1）"修改当前规则"对话框：用于创建临时版本规则，如图 2-156 所示与图 2-157 所示。

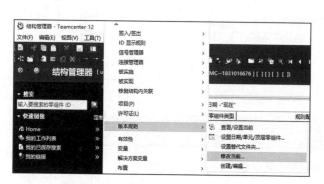

图 2-156　修改当前版本规则菜单

图 2-157　修改当前版本规则对话框

2）"创建/编辑规则"对话框：用于创建永久版本规则，如图 2-158 所示与图 2-159 所示。然后单击"创建"按钮，"新建版本规则"对话框，如图 2-160 所示。这两个对话框都包含版本规则编辑器，该编辑器由两个主要窗口组成，上面的窗口中列出了规则中的所有条目，以及用来操控这些条目的按钮，如图 2-160 中的调整框。下面的窗口用于创建或编辑条目，并将其添加到规则中，如图 2-160 中的添加框。

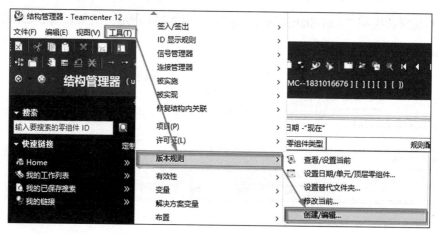

图 2-158　创建或编辑版本规则菜单

图 2-159　创建版本规则

继续修改名称、描述，调整条目的顺序，并且在添加框选择最新条目，配置类型为"字母数字版本 ID"，单击"添加"按钮，如图 2-161 所示。

图 2-160　新建版本规则

图 2-161　新建版本规则（一）

附加最新条目后，删除精确条目，并把最新调整到第一位，添加结果如图 2-162 所示，单击"确定"按钮，保存创建的版本规则。然后，可以应用该新建版本规则，如图 2-163 所示。

图 2-162　新建版本规则（二）

图 2-163　应用新建版本规则

应用的结果如图 2-164 所示，注意到有零组件版本发生了变化。

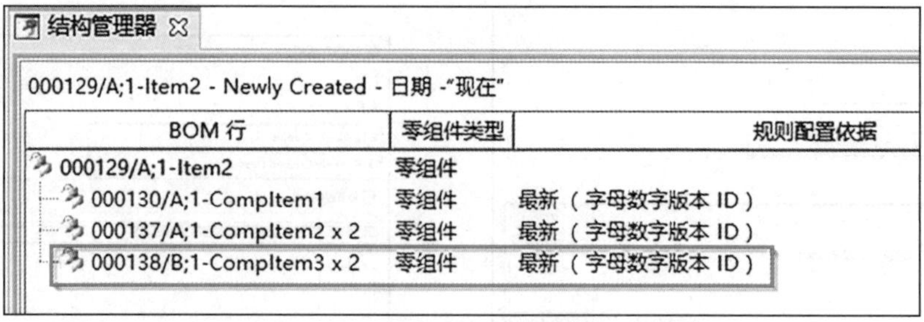

图 2-164　应用零组件版本

2.4.8　BOM 的比较

通过比较两个产品结构来标识它们之间的更改或区别，例如，标识装配之间的组件更改，测试同一零组件的多个视图是否一致，找出以不同方式配置的结构之间的区别。

用户可以比较位于不同结构管理器窗口中的两个产品结构（BOM），区别之处将在产品结构树中高亮显示。

首先打开两个结构管理器的窗口，打开一产品结构，如 000129/A，然后单击▦按钮，结果如图 2-165 所示。

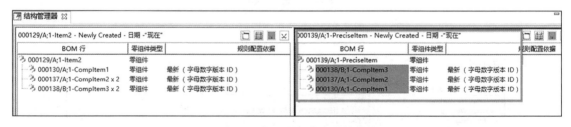

图 2-165　打开两个窗口

再通过访问"我的 Teamcenter"去打开需要对比的另一产品结构，如 000139/A，效果如图 2-166 所示。

图 2-166　打开另一个产品结构

选择菜单"工具"→"比较"选项，如图 2-167 所示，系统会弹出"BOM 比较"对话框，如图 2-168 所示，选择模式为"多层（带查找编号）"，勾选"报告"选项。

图 2-167　比较产品结构菜单

图 2-168　BOM 比较

单击"应用"按钮，生成结果如图 2-169 所示，红色代表差别，详细信息见图中的"BOM 比较报告"。

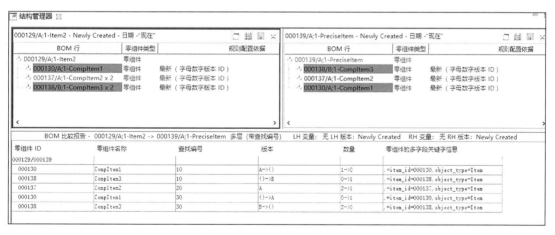

图 2-169　BOM 比较报告结果

2.4.9　多 BOM 的概念

BOM 视图类型代表彼此不同但相关的结构，例如，CAD 装配的单层结构（工程 BOM 或 EBOM）、制造结构（制造 BOM 或 MBOM）和给定零组件的备件清单。这些不同结构中的组件之间没有直接关系，因此，必须通过适当的结构编辑，手动将一个结构中的更改传递到其他结构中。

不同的 BOM 视图类型与同一零组件相关联。将组件添加到结构时，从针对该零组件所创建的视图类型中指定一个视图类型（默认情况下通常为 CAD 视图类型），当展开结构时，将展开指定的视图类型。

下面创建不同的 BOM 视图类型：

1）先创建一个常规的零组件 000140，选中"1000140/A-MulBOMItem1"，创建默认类型 BOM 视图，如图 2-170 所示，单击"应用"按钮，继续后面的创建不同类型 BOM。

2）继续创建 CAEAnalysis 类型 BOM 视图，如图 2-171 所示，单击"应用"按钮。

图 2-170　创建 BOM 视图版本类型

图 2-171　创建 CAEAnalysis 类型 BOM 视图版本

3）继续创建 MEProcess 类型 BOM 视图，如图 2-172 所示，单击"应用"按钮。

4）继续创建 MESetup 类型 BOM 视图，如图 2-173 所示，单击"确定"按钮。

图 2-172　创建 MEProcess 类型 BOM 视图版本

图 2-173　创建 MESetup 类型 BOM 视图版本

5）创建后总的结果如图 2-174 所示。

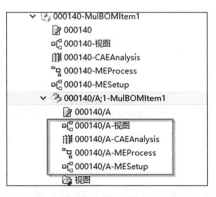

图 2-174　新类型 BOM 视图版本创建结果

6）上述四种视图是没有直接关系的，并且双击后都可以进入结构管理器进行配置，可以给每种 BOM 视图添加不同的零组件对象。首先配置默认视图类型，如图 2-175 所示。

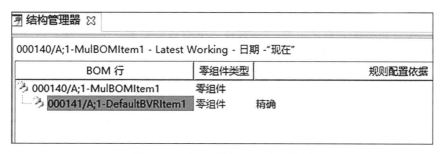

图 2-175　打开默认 BOM 视图版本

7）为 CAEAnalysis 视图同样添加一个零组件版本，如图 2-176 所示。

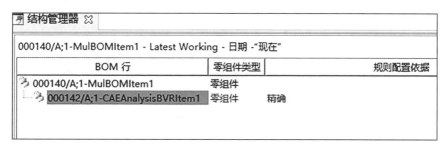

图 2-176　打开 CAEAnalysis BOM 视图版本

8）在"我的 Teamcenter"中，用户可以发现默认视图有显示零组件配置，其他的 BOM 视图没有显示其零组件配置，如图 2-177 所示。

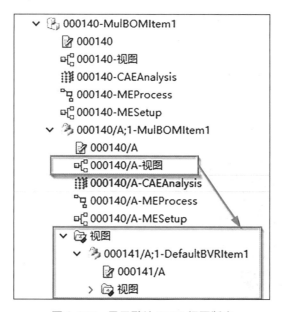

图 2-177　显示默认 BOM 视图版本

2.4.10 BOM 导出

BOM 导出是指将产品结构从产品结构管理器里面导出，以导出结构元素的当前结构内容，并保存该文件用于与后续版本进行比较，或用以显示结构内的现有关系；也可保存导出文件并将其与 Teamcenter 以外的其他人共享，如客户、供应商和同事。可通过电子邮件和传真发送文件。

BOM 导出操作如下：

1）在"结构管理器"里打开要导出的结构，如图 2-178 所示。

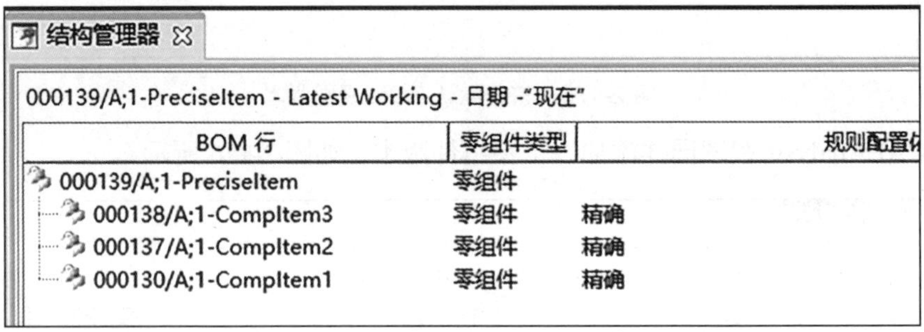

图 2-178　打开导出结构

2）选择菜单"工具"→"导出"→"对象到 Excel"选项，如图 2-179 所示，这里只讲解一种方式。

图 2-179　导出 BOM 到 Excel

3）弹出"导出至 Excel"对话框，选择默认设置，如图 2-180 所示。

图 2-180　"导出至 Excel"对话框

图 2-180 中对应的输出选项功能如下：

- 对于未连接到 Teamcenter 的标准 Excel 文件，单击"静态快照"
- 对于已连接到 Teamcenter 的交互式实时 Excel 文件，单击"与 Excel 的实时集成（交互）"
- 对于未连接到 Teamcenter 的实时 Excel 文件，单击"与 Excel 的实时集成（批量模式）"，可以累积更改，之后将文件连接到 Teamcenter
- 要将数据导出至在单个工作表上还包含导入处理信息的 Excel 文件，单击"脱机工作并导入"
- 要在导出至实时 Excel 时签出对象，选择"导出前签出对象"

4）系统会打开刚刚导出的显示产品结构 Excel 文件，如图 2-181 所示。

图 2-181　显示产品结构 Excel 文件

○ 练习

1）创建两个简单的产品结构，一个为精确装配，一个为非精确装配，并对它们进行复制和删除操作。

2）新建一个非精确装配，对其进行版本规则的查看、修改、创建和应用操作。

3）打开任意两个装配，进行 BOM 比较。

2.5 工作流程与数据发布

话题导入

什么是工作流程?

在企业里是有很多业务流程的,通过完成这些业务流程,企业就能获取到需要的产品数据。产品生命周期管理必须拥有的是业务流程的自动执行,这就是工作流程,简称工作流。而产生的数据最后会进行数据的发布,用于直接的生产。

2.5.1 流程的概念

工作流程是为实现某个目标而自动执行的业务流程。在完成某一特定流程的过程中,工作流程会在参与者之间传递文档、信息和任务。例如,用户可以通过将零组件提交到工作流程来启动工作流程。登录的用户发起了工作流程之后,就可以指派任务给用户,设置任务持续时间和提交期限,以及维护流程指派列表。

在相对简单的工作流程中,如图 2-182 所示,开始步骤(绿色)引导至活动的任务(黄色),活动的任务引导至待处理的审核任务(灰色),然后是完成步骤(红色)。

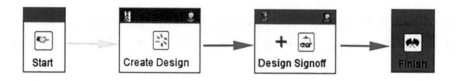

图 2-182 简单的工作流程

表 2-1 列举了进行工作流程管理的流程元素。

表 2-1 工作流程元素

工作流程元素	描述
工作流程模板	包含工作流程的蓝图;管理员将创建流程模板;一个特定流程是通过在模板中按所需的执行顺序放置任务来定义的;其他要求,如法定人数和持续时间等,也可包含在模板中
容器任务	包含: • **审核** 包含**选择签发小组**和**执行签发**任务 **决定**选项是**批准**、**拒绝**和**不作决定** • **认可** 包含**选择签发小组**和**执行签发**任务 **决定**选项是**认可**和**未认可** • **会签** 包含**审核**、**认可**和**通知**任务
交互任务	要求在受影响的用户的工作列表中显示用户交互的任务,不同类型的任务有不同的交互要求。典型任务包括: • **选择签发小组**

（续）

工作流程元素	描述
交互任务	要求所指派的用户选择签发小组以签发任务的目标对象 • **执行签发** 要求所指派的用户审核并签发任务的目标对象 • **Do** 要求所指派的用户审核并执行任务说明，然后标记任务完成 • **通知** 要求所指派的用户进行回复
流程任务	执行非交互功能的任务，如分解工作流程，指定查询准则，以及处理错误。使用"**流程视图**"查看工作流程时，将显示这些任务。这些任务不需要用户交互，因此不会显示在用户工作列表中
父流程	工作流程可包含子工作流程。在这些情况中，初始工作流程是父工作流程，其中包含子流程。父工作流程依赖于子流程，只有在子流程完成后它们才会完成
工作流程处理程序	小 ITK 项目集用于扩展和定制工作流程任务。操作处理程序将执行操作，如附加对象、发送电子邮件或确定是否满足规则
任务属性	属性可进一步配置任务行为。可以设置安全性属性、定制任务符号，并定义条件结果
法定人数要求	指定在"**执行签发**"任务能够完成以及工作流程能够继续之前所需的批准数的值

2.5.2　发起流程

Siemens PLM Software 推荐使用"我的 Teamcenter"发起并完成工作流程，因为整个过程都可以在"我的工作列表"中的任务箱中完成。用户还可以从"工作流程查看器"应用程序启动工作流程。

下面通过对一数据进行发布来讲解工作流程的整个过程。

1）选择"文件"→"新建"→"工作流程"选项，系统将显示"新建流程"对话框。选中零组件版本 000143/A 后，如图 2-183 和图 2-184 所示。

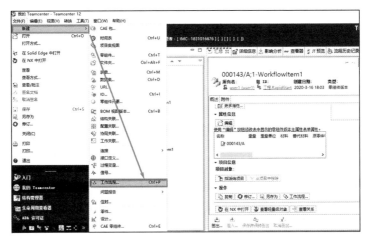

图 2-183　通过菜单发起工作流程

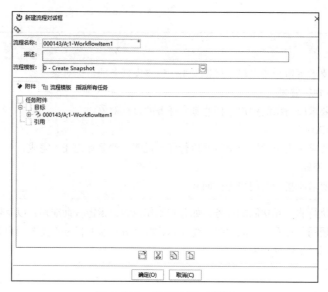

图 2-184　新建流程对话框

2）在"流程名称"框中输入该流程的名称，这里保留默认名称，如图 2-184 所示。

3）在"描述"框中输入描述以标识该流程。这里输入"Release workflow"，如图 2-185 所示。

4）单击"流程模板"列表以查看流程模板，并进行选择。这里选择"30-Development Release"，如图 2-185 所示。

5）单击"附件"选项卡以查看或指派目标与引用附件。在流程启动时，不必指派目标数据，如图 2-186 所示。

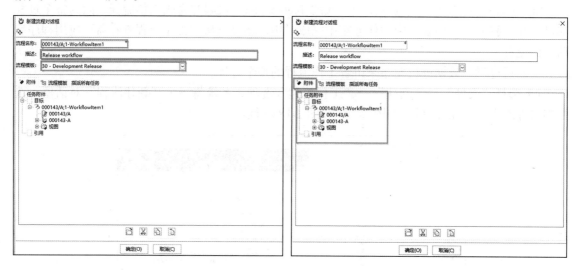

图 2-185　输入描述和选择模板　　　　　　　　　　图 2-186　选择附件

6）单击"流程模板"选项卡以查看被选为新流程基础的流程模板，如图 2-187 所示。

7）指派流程中的所有任务，操作步骤如图 2-188 ～图 2-190 所示。

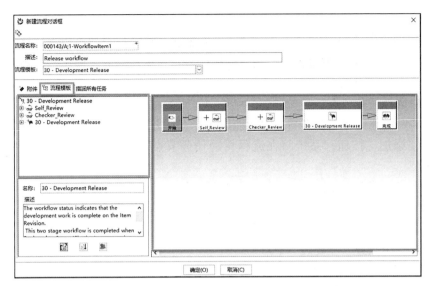

图 2-187　查看流程模板

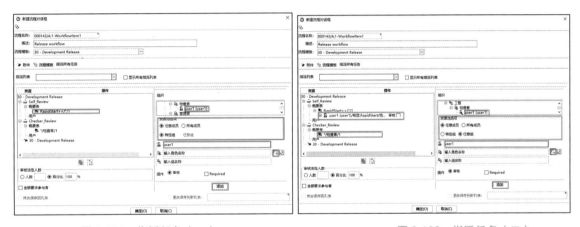

图 2-188　指派任务（一）　　　　　　　　　　　　　图 2-189　指派任务（二）

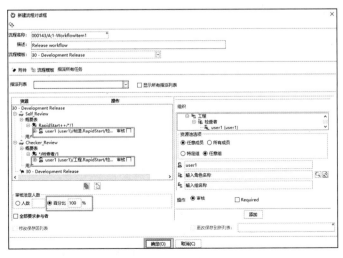

图 2-190　指派任务（三）

a.单击"指派所有任务"选项卡，系统将显示指派列表信息。

b.从"指派列表"列表中选择一个列表，Teamcenter 将该指派列表用于流程中的任务。用户在流程树中显示为节点，并且指派给用户的操作显示在树右侧的"操作"标题下方。

c.（可选）指派责任方：

◎ 在树中选择任务节点。

◎ 使用"资源池选项"准则与搜索功能以选择责任方。

◎ 单击"添加"按钮，系统将在流程树的任务节点下显示用户信息和指派给该用户的操作。

◎ 重复上述步骤，为流程中的其他任务指派责任方。

d.（可选）指派用户：

◎ 展开树中的任务节点以开始指派用户进行审核、认可或接收任务通知，系统将显示"用户"节点或"概要表"节点。

　■用户节点允许使用特别选择流程来指派资源

　■概要表限制可指派给任务的用户的用户池。如果用户概要表定义为流程模板的一部分，系统将显示概要表节点

◎ 选择"用户"或"概要表"节点。

◎ 使用"组""角色"和"用户"列表选择用户。

◎ 从列表中选择操作，系统根据任务模板类型在此列表中显示多个操作。例如：如果选择了"会签"任务，则将显示审核、认可和通知操作。如果选择了"审核"任务，只有审核操作是可用的；如果选择了"认可"任务，只有认可操作可用。

◎ 单击"添加"按钮，系统将在流程树的任务节点下显示用户信息和指派给该用户的操作。

◎ 重复上述步骤，为树中的其他任务指派审核、认可或接收通知的用户。

e.（可选）在"审核法定人数"和"认可法定人数"框中修改或设置审核和认可任务的法定人数值。

f.（可选）要保存对流程指派列表所作的修改，选中"修改保存回列表"复选框。

8）单击"确定"按钮，发起流程。若在任何时候单击"取消"按钮，将取消当前操作，而不会发起流程。流程发起后可以发现原先零组件版本出现新的标志⊕，表示在工作流程中，如图 2-191 所示。

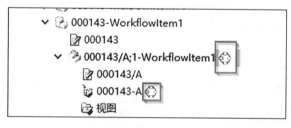

图 2-191　在工作流程中

2.5.3　流程审批

继续上述流程实例来讲解如何进行流程审批：

1）使用批阅与审批账号登录 Teamcenter，打开"我的工作列表"文件夹，如图 2-192 所示。

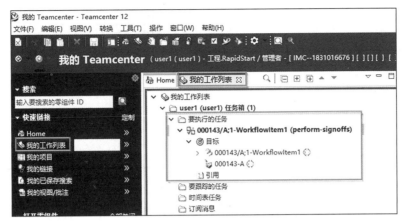

图 2-192　我的工作列表

2）用户可以双击任务对象"000143/A;1-WorkflowItem1(perform-signoffs)"，来查看并执行任务，或者可以查看右侧"汇总"选项卡，执行三种操作中一种：执行审核、取消工作流程或查看完整工作流程，如图 2-193 所示。

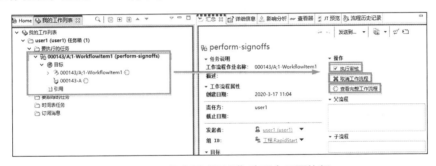

图 2-193　从右侧"汇总"选项卡里面执行

3）先选择"查看完整工作流"选项，可以看图 2-194 所示的完整工作流。选择退回到图 2-193 所示界面，单击"执行审核"选项，会弹出图 2-195 所示"执行签发"对话框。单击"决定"栏下高亮的部分，会弹出图 2-196 所示的对话框，选择"批准"选项，单击"确定"按钮，之后系统会更新审核的结果，如图 2-197 所示。

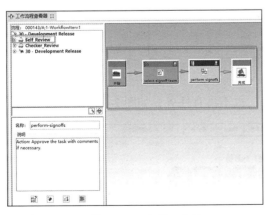

图 2-194　完整工作流

图 2-195　执行签发对话框

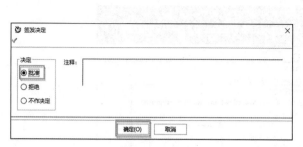

图 2-196　签发决定对话框

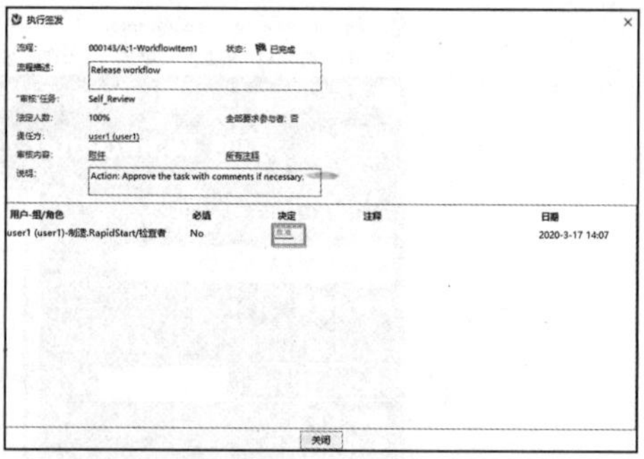

图 2-197　系统更新审核结果

4）回到"我的工作列表"界面，继续执行剩余任务，单击"执行审核"，如图 2-198 所示，执行结果如图 2-199 所示。

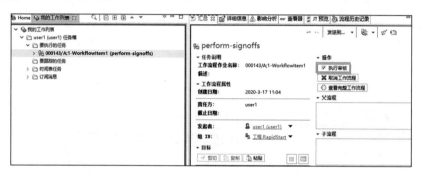

图 2-198　执行审核

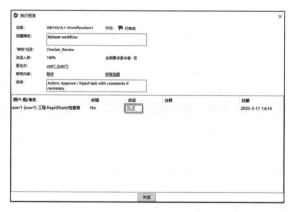

图 2-199　执行结果

这时显示所有的任务已经完成，"我的工作列表"也不再有任务，如图 2-200 所示。

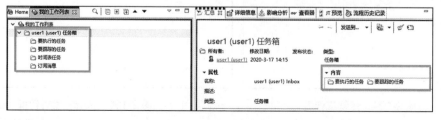

图 2-200　工作列表任务完成

查看之前执行的零组件版本，发现其发布状态已经更新，如图 2-201 所示。

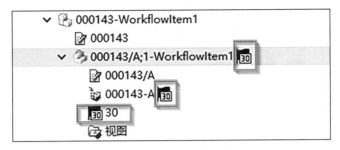

图 2-201　发布状态更新

2.5.4　流程结果和数据状态

流程结果指对象（如零组件版本）运行过工作流程后的结果（如完成或取消等）。而数据状态是指每执行一个任务以后，对应数据在工作流里显示的状态。

流程结果可以通过右击菜单选择"发送到"→"工作流程查看器"获取，如图 2-202 和图 2-203 所示。

图 2-202　发送到工作流程查看器菜单

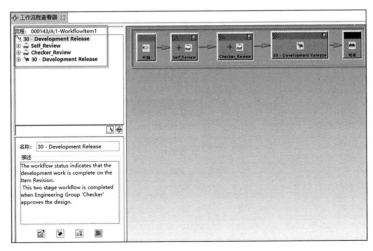

图 2-203　工作流程查看器

从图 2-204 中可以清楚看见流程运行完毕后，工作流程中显示的都是完成状态。数据在每一步的任务下都是显示成功状态，可见 ▓ 图标。

再对一个零组件版本发起一个相同的工作流，如图 2-204 所示。

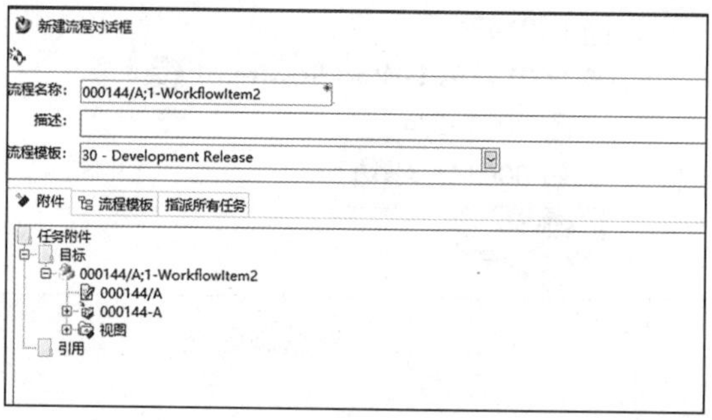

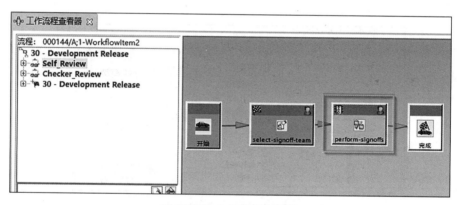

图 2-204 新建流程对话框

然后在"我的工作列表"里面双击任务，系统会跳转到"工作流程查看器"，如图 2-205 所示。在 perform-signoffs 任务单击右键，选择"中止"任务，如图 2-206a 所示。系统弹出"中止"对话框，输入相应信息，如图 2-206b 所示。

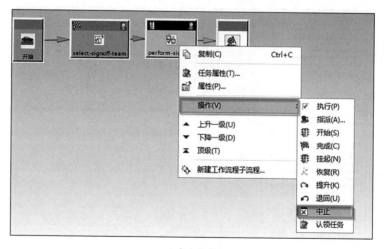

图 2-205 工作流程查看器

a) 中止任务

图 2-206 中止操作

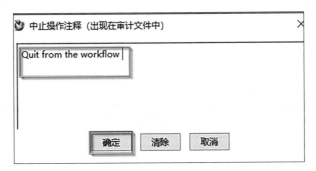

b) 中止对话框

图 2-206　中止操作（续）

系统再次更新当前任务，如图 2-207 所示。查看整个工作流程，可以看见流程结果，如图 2-208 所示。

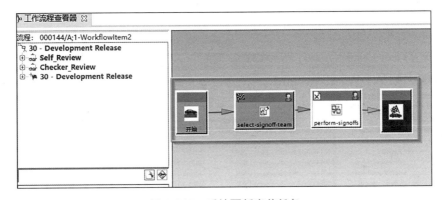

图 2-207　系统更新当前任务

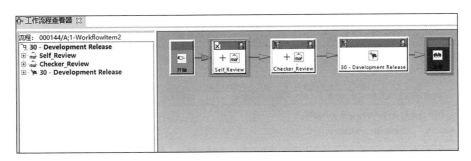

图 2-208　查看流程结果

当前数据状态在 Self-Review 任务时为中止状态，上面有个 ☒ 图标，如图 2-209 所示。

图 2-209　任务状态中止

2.5.5 检查流程

检查流程是流程的审计，可以代替用户在图纸上签名的作用。下面还是以之前的工作流程任务来讲解，所有的流程信息可以一目了然，如图 2-210 ～图 2-212 所示。

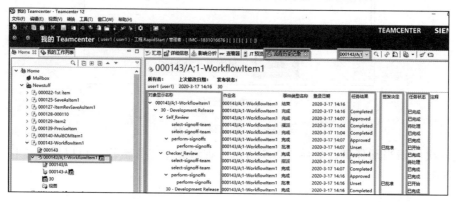

图 2-210　检查流程（一）

000143/A;1-WorkflowItem1

所有者：user1 (user1)　上次修改日期：2020-3-17 14:16　发布状态：30

对象显示名称	作业名	事件类型名称	登录日期	任务结果	签发决定	任务状态	注释
000143/A;1-WorkflowItem1	000143/A;1-WorkflowItem1	结束	2020-3-17 14:16				
30 - Development Release	000143/A;1-WorkflowItem1	完成	2020-3-17 14:16	Completed		已完成	
Self_Review	000143/A;1-WorkflowItem1	完成	2020-3-17 14:07	Approved		已完成	
select-signoff-team	000143/A;1-WorkflowItem1	指派	2020-3-17 11:04	Completed		待处理	
select-signoff-team	000143/A;1-WorkflowItem1	完成	2020-3-17 11:04	Completed		已完成	
perform-signoffs	000143/A;1-WorkflowItem1	完成	2020-3-17 14:07	Approved		已完成	
perform-signoffs	000143/A;1-WorkflowItem1	批准	2020-3-17 14:07	Unset	已批准	已开始	
Checker_Review	000143/A;1-WorkflowItem1	完成	2020-3-17 14:16	Approved		已完成	
select-signoff-team	000143/A;1-WorkflowItem1	指派	2020-3-17 11:04	Completed		待处理	
select-signoff-team	000143/A;1-WorkflowItem1	完成	2020-3-17 14:07	Completed		已完成	
perform-signoffs	000143/A;1-WorkflowItem1	完成	2020-3-17 14:16	Approved		已完成	
perform-signoffs	000143/A;1-WorkflowItem1	批准	2020-3-17 14:16	Unset	已批准	已开始	
30 - Development Release	000143/A;1-WorkflowItem1	完成	2020-3-17 14:16	Completed		已完成	

图 2-211　检查流程（二）

000143/A;1-WorkflowItem1

所有者：user1 (user1)　上次修改日期：2020-3-17 14:16　发布状态：30

注释	执行者	执行者组	执行者角色	审核者	审核者组	审核者角色	开始日期	结束日期	最近标...	责任方名称
	user1	Engineering.RapidStart	Manager							
	user1	Engineering.RapidStart	Manager				2020-3-17 11:0	2020-3-17 14:16	否	user1 (user1)
	user1	Engineering.RapidStart	Manager				2020-3-17 11:0	2020-3-17 14:07	否	user1 (user1)
	user1	Engineering.RapidStart	Manager						否	user1 (user1)
	user1	Engineering.RapidStart	Manager				2020-3-17 11:0	2020-3-17 11:04	否	user1 (user1)
	user1	Engineering.RapidStart	Manager				2020-3-17 11:0	2020-3-17 14:07	否	user1 (user1)
	user1	Engineering.RapidStart	Manager	user1	制造.RapidStart	检查者	2020-3-17 11:0			
	user1	Engineering.RapidStart	Manager				2020-3-17 14:0	2020-3-17 14:16	否	user1 (user1)
	user1	Engineering.RapidStart	Manager						否	
	user1	Engineering.RapidStart	Manager				2020-3-17 14:0	2020-3-17 14:07	否	user1 (user1)
	user1	Engineering.RapidStart	Manager	user1	工程.RapidStart	检查者	2020-3-17 14:0			
	user1	Engineering.RapidStart	Manager				2020-3-17 14:1	2020-3-17 14:16	否	user1 (user1)

图 2-212　检查流程（三）

⊙ 练习

1）选择一零组件版本，对其发起审批相关的流程以完成流程。

2）对已完成流程检查最终流程结果。

2.6　搜索

能够对产品数据进行搜索是 PDM 系统必须具备的功能，搜索功能对于产品生命周期系统的运行也是必不可少的。Teamcenter 搜索功能可以在 Teamcenter 数据库中查找数据，也可以选择在相关的搜索引擎数据库中查找数据。

下面介绍胖客户端中"我的 Teamcenter"提供的搜索方法：

位于导览窗口顶部和入门应用程序中的搜索框，可用于执行快速搜索，并在"快速打开结果"框中显示结果，如图 2-213 所示，快速搜索基于一个准则，如零组件 ID、关键字、零组件名称或者数据集名称，可从菜单中选择，还可以选择"高级"选项，以显示"搜索"视图。

图 2-213　快速搜索

"搜索"视图 🔍：可使用在"查询构建器"应用程序中创建的查询来搜索 Teamcenter 数据库中的元数据和全文搜索索引。搜索结果显示在"搜索结果"视图 🔍 中，如图 2-214 所示。

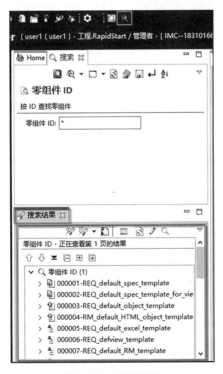

图 2-214　搜索结果

"简单搜索"视图 🔍：可基于业务对象属性值来创建搜索。搜索结果显示在"搜索结果"视图 🔍 中。

在"我的 Teamcenter"的影响分析视图中，可以执行"何处使用"搜索和"何处引用"搜索。"何处使用"搜索能够识别包含特定零组件或零组件版本的所有装配。"何处引用"搜索能够确定在 Teamcenter 数据库中所引用零组件的位置。

扩展的多应用程序搜索可执行"分类搜索"功能，以通过使用熟悉的准则（如名称或 ID）来搜索分类层次结构。如果使用"分类"应用程序将零件或设备划分为层次结构，则可以在特定的层次结构中搜索或是在所有层次结构中搜索。

下面来讲解如何进行快速搜索，简单搜索以及高级搜索。

1. 快速搜索

1）打开"我的 Teamcenter"应用程序，查看可搜索的条件，如图 2-215 所示。

图 2-215　快速搜索选项

2）使用最常见的"零组件 ID"搜索，输入想要查找的 ID 号，单击绿色执行按钮，系统自动弹出"快速打开结果"框，结果框右下角三个箭头是调节显示全部数量和翻页操作，如图 2-216 所示。

图 2-216　快速打开结果显示

3）对于需要的数据，可以按住 < Shift > 键选择多项，然后左上角复制的选项高亮显示，如图 2-217 所示。

4) 新建文件夹命名为 "SearchedFiles",并且粘贴之前查找到的文件,如图 2-218 所示。

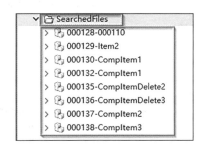

图 2-217 选择多项搜索数据   图 2-218 粘贴搜索到的文件

2. 简单搜索

1) 在 "我的 Teamcenter" 里面单击 "简单搜索" 图标,系统会弹出 "简单搜索" 视图,如图 2-219 所示。

图 2-219 简单搜索视图

2）查看"业务对象类型"选项，选择需要查找的类型，如图 2-220 所示，选择"零组件版本"选项。

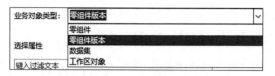

图 2-220 选择查找对象类型

3）双击选择需要过滤的条件，选择"零组件（ID）"选项，如图 2-221 所示，通过右边下拉箭头过滤条件运算符，如图 2-222 所示，选择"Contain"选项，输入查找的值，如图 2-223 所示。

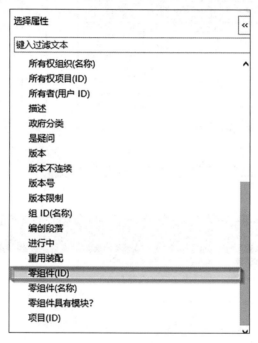

图 2-221 选择属性

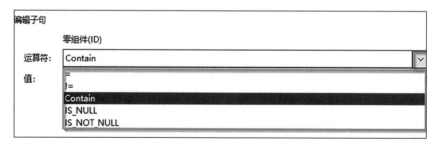

图 2-222 编辑字句运算符

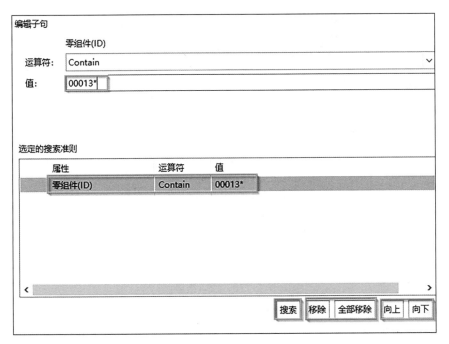

图 2-223 调整搜索准则

在图 2-223 中，"编辑子句"的条件会自动添加到下面的搜索准则框内，如果有多条搜索准测，可通过"向上""向下"按钮调整先后顺序，可移除不需要的搜索准则，或者全部移除准则。单击"搜索"按钮，即可进行搜索。如果需要添加多个搜索准则，则可使用"And"或者"Or"选项来合用多个准则，如图 2-224 所示。

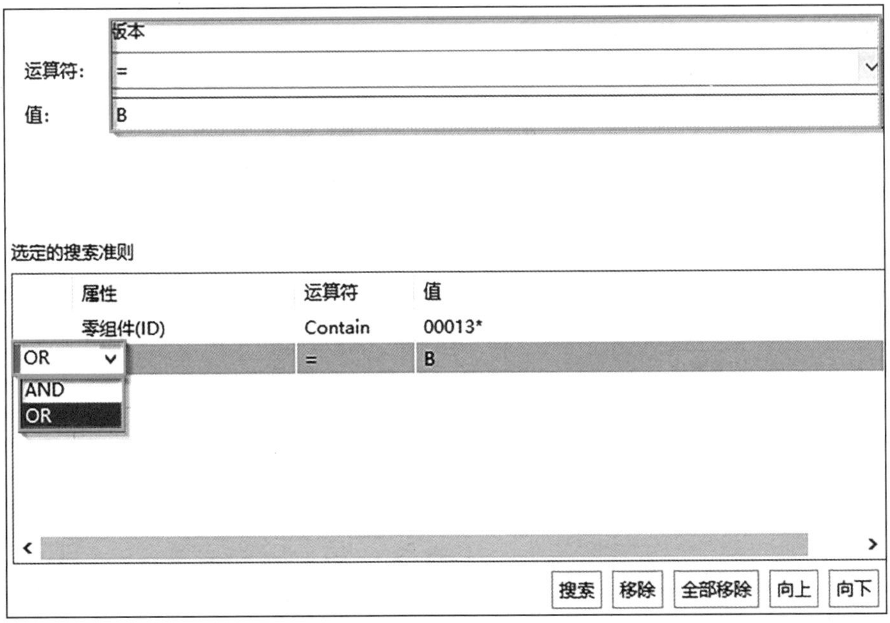

图 2-224 添加多个搜索准则

4）单击"搜索"按钮，所有搜索结果会显示在"搜索结果"视图中，如图 2-225 所示。

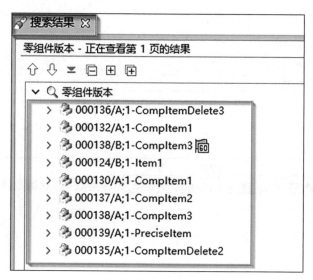

图 2-225　搜索结果

3. 高级搜索（通过"搜索"视图搜索）

1）单击"搜索"视图■按钮，系统会启动"搜索"视图，如图 2-226 所示。

2）"搜索"视图中各按钮功能如图 2-227～图 2-235 所示。

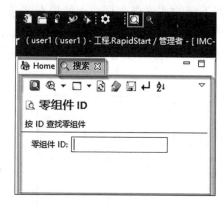

图 2-226　搜索视图

图 2-227　执行搜索

图 2-228　从搜索历史记录更改搜索

图 2-229　从搜索记录选择常用搜索

图 2-230　选择搜索

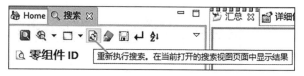

图 2-231　重新执行搜索按钮

图 2-232　清除搜索字段按钮

图 2-233　保存搜索按钮

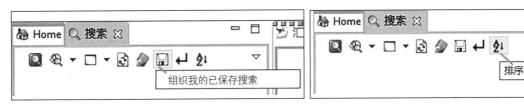

图 2-234　组织我的已保存搜索按钮　　　　　图 2-235　搜索结果排序按钮

单击"搜索"按钮，会弹出"更改搜索"对话框，如图 2-236 所示，显示已保存的搜索目录。

3）选择"常规"选项，在搜索框内输入要查询的值，有下拉箭头的项目可以选择需要的值，输入后结果如图 2-237 所示。

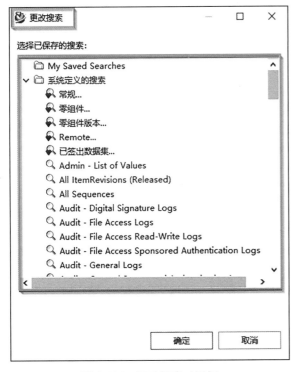

图 2-236　更改搜索对话框

图 2-237　常规搜索

4）查看搜索结果，如图 2-238 所示。

5）如果要保存搜索，单击"保存搜索"按钮，在"保存搜索"对话框里面输入名称，如图 2-239 所示。

图 2-238　查看搜索结果

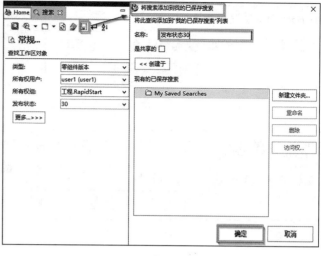

图 2-239　保存搜索

6）单击"组织我的已保存搜索"按钮，可看到新保存的搜索，如图 2-240 所示。

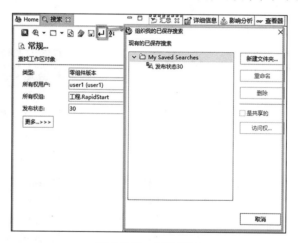

图 2-240　组织搜索

● 练习

1）使用快速搜索、简单搜索功能，搜索任意类型的数据。

2）使用高级搜索功能，搜索数据集的版次。

2.7　查看数据

产品的数据有很多种，本节学习查看产品数据的属性、模型与装配。能够简单地查看相关数据，在实际生产过程中是非常必要的，这样可对产品有一些直观简单的分析，提升产品数据的质量，加快产品的研发与生产。

2.7.1　属性的查看

数据对象具有属性，与数据对象关联的属性可以在"详细信息"表或"属性"对话框中查看。无论是单个对象还是多个对象的属性（如所有权、描述和度量单位），都可以使用属性对话框进行查看和修改。下面讲解如何查看数据对象的属性。

1. 在属性对话框中查看

1）在"我的 Teamcenter"里面选中要查看的数据对象，选择"视图"→"属性"选项，如图 2-241 所示，右击后单击"查看属性"（或者直接使用快捷键＜ Alt＋P ＞），如图 2-242 所示。

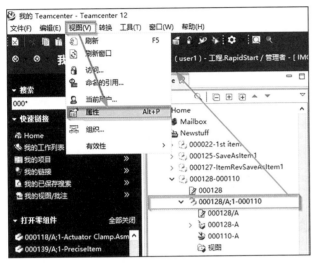

图 2-241　属性菜单

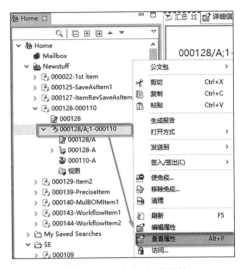

图 2-242　右击查看属性

2）系统弹出"属性"对话框，默认显示常规属性，如图 2-243 所示。

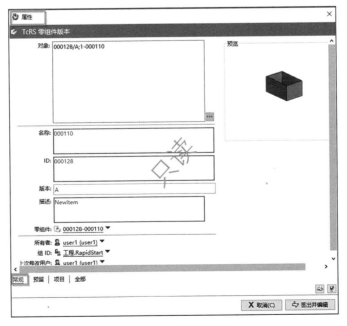

图 2-243　属性对话框

3）如果要查看全部属性，单击"全部"标签，系统会显示所有属性，如图 2-244 所示，底部会有"显示空属性"按钮。

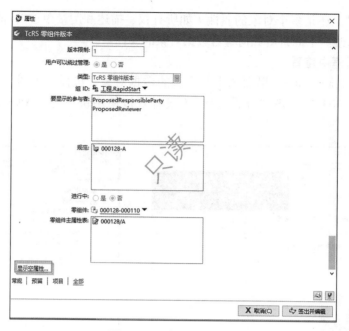

图 2-244 查看全部属性

4）如果退出属性查看，单击"取消"按钮，如果要修改属性，则单击"签出并编辑"按钮。

2. 在详细信息表查看属性

1）在组件视图或树窗口中，选择要显示对象的父级，如图 2-245 所示。

图 2-245 选中要显示对象父级

2）单击"详细信息"选项卡，系统在详细信息表中显示所选对象的子件属性，如图 2-246 所示。

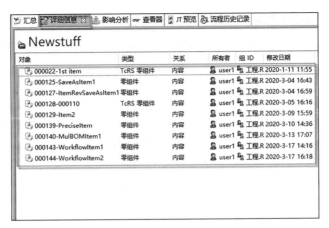

图 2-246　详细信息选项卡

3）用户可以通过添加列显示更多需要查看的属性，如图 2-247 所示。

图 2-247　添加列查看更多属性

4）添加属性列，单击"应用"按钮，可以使用左右箭头添加，使用上下箭头调整出现的先后次序，然后单击"应用"按钮，如图 2-248 所示。

图 2-248　调整要显示的属性列

5）显示效果如图 2-249 所示。

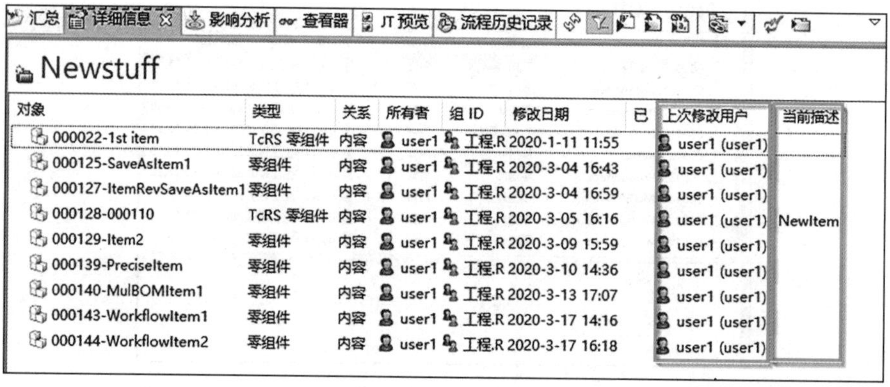

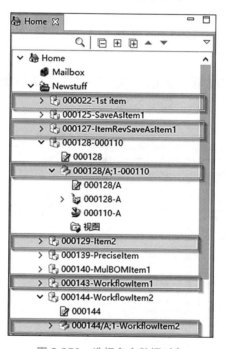

图 2-249　显示效果

3. 查看多个对象属性

要选择相邻的多个对象，则单击第一个对象，按住 < Shift > 键并选择最后一个对象。要选择不相邻的多个对象，则单击第一个对象，按住 < Ctrl > 键并选择其余对象。然后选择"视图"→"属性"选项，或者右击选定对象并选择"查看属性"，Teamcenter 将在共同的可修改属性对话框中显示选定对象的属性。

操作步骤如下：

1）使用 < Shift > 或 < Ctrl > 键选择多个数据对象，如图 2-250 所示。

图 2-250　选择多个数据对象

2）选择"视图"→"属性"选项，或者右击选定对象并选择"查看属性"，共同的可修改属性如图 2-251 所示。

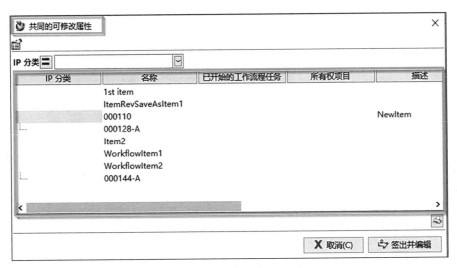

图 2-251　共同的可修改属性

2.7.2　JT 技术概述

JT 是由西门子工业软件公司开发的一种被大众广泛接收的数据格式，它被广泛用于数据交流、可视化、数字化标记以及具备多种其他用途。JT 已经被 ISO 接受作为 3D 可视化的国际标准。除了可视化以外，许多软件应用商还使用 JT 技术用于数据交换、供应商协同以及长期数据保存等工作流程中。

2.7.3　模型的查看

下面介绍几种方式来查看模型：

1. 使用预览查看

在"我的 Teamcenter"应用下，选中要查看的模型，在"汇总"视图下直接查看预览，如图 2-252 所示。

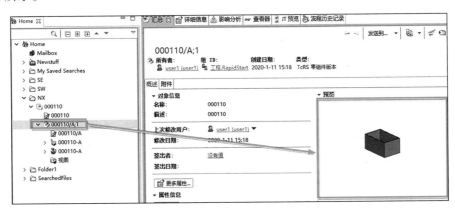

图 2-252　预览

2. 使用查看器查看

在"我的 Teamcenter"应用下，选择要查看的模型，在"查看器"视图下查看几何结构，如图 2-253 所示。通过"查看器"视图下一些功能图标，可以对 3D 结构进行旋转、缩放等简单操作。

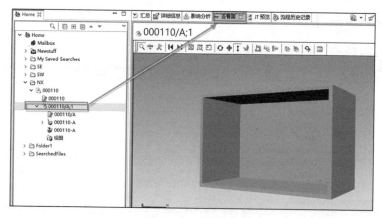

图 2-253　查看器

3. 使用 JT 预览查看

在"我的 Teamcenter"应用下，选择要查看的模型，在"JT 预览"视图下查看几何结构，如图 2-254 所示。

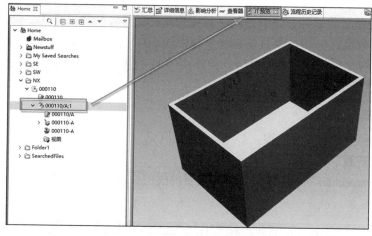

图 2-254　JT 预览

4. 使用结构管理器查看

1）将要查看的模型发送到"结构管理器"里面，单击"显示与隐藏数据面板"按钮，如图 2-255 所示。

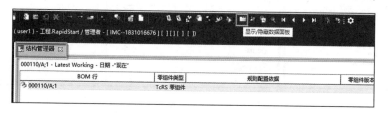

图 2-255　在结构管理器查看模型

2）系统显示数据面板，单击数据面板下的"图形"标签，可看到模型的结构图，如图 2-256 所示。

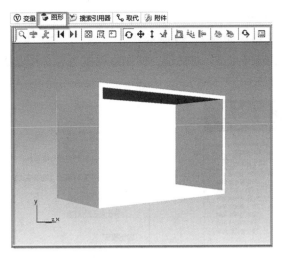

图 2-256　在结构管理器查看图形

2.7.4　装配的查看

采用下述方式装配：

1）首先将装配发送到"结构管理器"中，如图 2-257 所示。

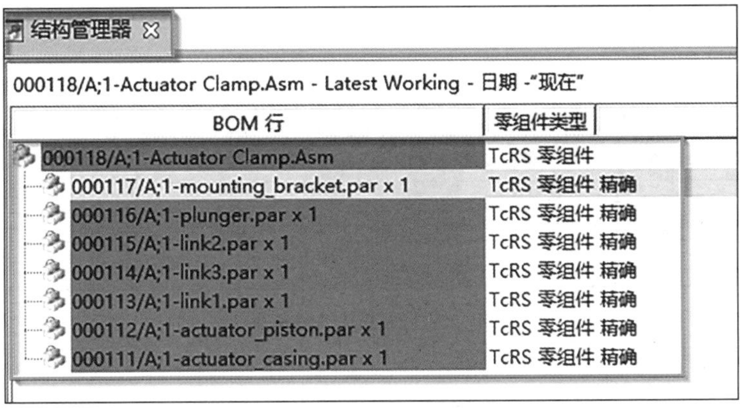

图 2-257　发送装配到结构管理器

2）显示"数据面板"，并且单击"图形"标签，如图 2-258 所示。

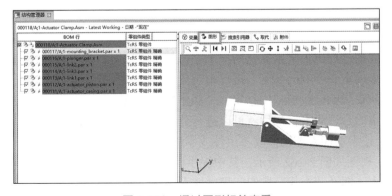

图 2-258　通过图形标签查看

3）还可将装配的结构通过打印输出，选中所有装配节点，选择菜单"工具"→"导出"→"对象到 Excel"选项，如图 2-259 所示。

4）系统会弹出"导出至 Excel"对话框，使用默认配置，如图 2-260 所示。

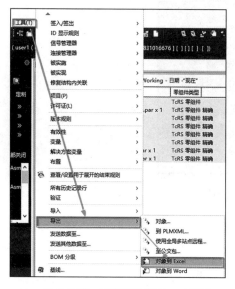

图 2-259　导出装配到 Excel 菜单

图 2-260　导出至 Excel 对话框

5）结果如图 2-261 所示。

图 2-261　导出装配结果

○练习

1）查看一个文件夹下所有对象的属性。

2）查看一个零组件的属性，和查看一个 3D 模型。

2.8　影响分析

在产品生命周期过程中，常常需要用户来评估某项更改对目标零件的影响，这时需针对该零件的合适版本来确定受影响的装配。进行影响分析，需要打开影响分析视图。从目标版本或零组件开始，用户在影响分析窗口中指定一个版本规则，Teamcenter 为适合指定版本规则的零组件选择目标版本的合适版本，然后就可以进行分析。通过影响分析视图中的"何处使用"和"何处引用"两个搜索功能来辅助修改零组件或零组件版本的效果。

"影响分析"视图如图 2-262 所示，其中提供以下功能：

1）"搜索文本"框及"查找"按钮：提供搜索操作。

①按＜Enter＞键或单击"查找"按钮 以开始搜索。

②按 < F3 >< Page Down > 或 < ↓ > 键以查找下一个匹配对象。

③按 < Page Up > 或 < ↑ > 键以查找上一个匹配对象。

④按 < Home > 键以查找第一个匹配对象。

⑤按 < End > 键以查找最后一个匹配对象。

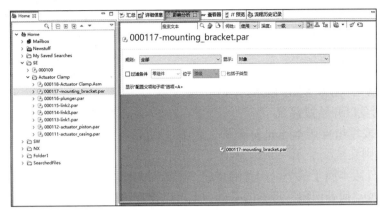

图 2-262　影响分析

2）"清除"按钮 ：清除搜索文本框。

3）"打开"按钮 ：按名称打开对话框，可使用名称、通配符及版本级别来查找对象。可以将找到的对象复制到剪贴板，将找到的所有组件加载到表中，以及逐步浏览组中找到的组件。

4）何处：可选择"引用"或"使用"选项。

5）深度：可选择"一层""所有层"或"顶层"选项。

6）按钮：提供翻转水平布局样式。

7）按钮：提供垂直布局样式。

8）按钮：提供树布局样式。

2.8.1　何处使用

"何处使用"搜索功能可识别包含零组件或零组件版本的所有装配，通过执行此操作来评估更改对产品结构的影响，或者查看一个装配中的更改是否影响其他装配。

下面讲解如何在"影响分析"视图里面查询"何处使用"信息。

1）在组件的"详细信息"视图中选择零组件或零组件版本。

2）在"我的 Teamcenter"中，选择"影响分析"视图，从视图的"何处"选项列表中选择"使用"选项，如图 2-263 所示。

图 2-263　何处使用功能

3）从"规则"列表中选择一个规则，如图2-264所示。

4）从位于窗口右下角的"深度"列表中选择以下深度级别之一：

①一级：只报告此对象的直系父组件。

②所有级：报告此对象的所有父组件（一直到顶级目录）。

③顶级：只报告顶级组件。

选择"所有级"，如图2-265所示。

5）双击该对象以开始搜索。

如果零组件或零组件版本不是符合所选版本规则的装配的一部分，则系统会显示一条消息说明该结果。如果零组件或零组件版本属于某个已配置的装配，则结构会以图形格式显示。可以将这些结果用作"何处使用"或"何处引用"搜索的基础，也可以设置其格式并打印。

结果如图2-266所示。

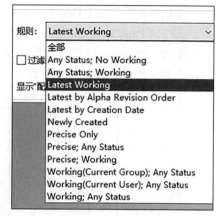

图 2-264 选择规则

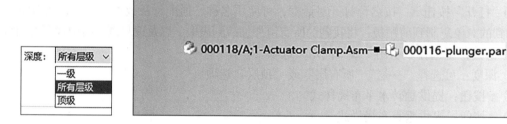

图 2-265 深度

图 2-266 何处使用结果

2.8.2 何处引用

通过查看"影响分析"视图，可以分析数据库中的哪些对象引用了选定的对象。

下面讲解如何在影响分析视图里面查询"何处引用"信息。

1）选择"影响分析"视图，在树状视图中选择一个对象，如图2-267所示。

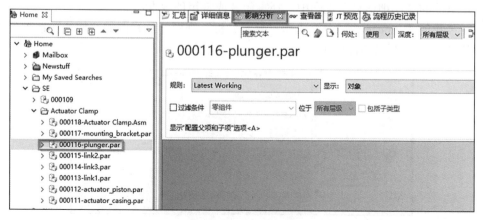

图 2-267 影响分析

2）从视图左上方的"何处"选项列表中选择"引用"选项，如图 2-268 所示。

3）从"深度"选项列表中选择一个深度级别，选择"所有层级"选项，如图 2-269 所示。

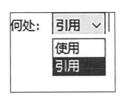

图 2-268 何处引用

图 2-269 深度

4）在视图窗口中双击该对象以激活搜索功能，结果如图 2-270 所示。

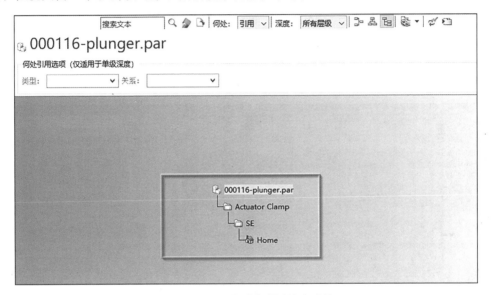

图 2-270 双击对象激活搜索功能

● 练习

1）选择一个装配中的任意零组件版本，进行"何处使用"操作。

2）选择一个零组件版本，查询"何处引用"信息。

2.9 Web 客户端

2.9.1 AWC 简介

话题导入

　　用户 A 是一名设计组长，需要对设计员 B 的设计进行审阅，但此时在出差中，没有携带计算机，设计员 B 又急需获得审阅结果从而进行修改，那么用户 A 该怎么办？此时，AWC 可以提供帮助。

此时，用户 A 可以通过手机或 PAD 计算机，使用手机浏览器打开公司对应的 AWC 地址，就可使用用户名和密码登录，从而获取设计员 B 通过工作流程发送的设计数据。用户 A 可以在浏览器上通过 JT 查看 3D 数据，标注审阅信息，并可将审阅结果通过流程发送给设计员 B。这样用户 A 就不必要匆忙返回办公室来完成审阅工作，大大方便了用户。

AWC 全称是 Active Workspace Client，是 Teamcenter 的一种 Web 客户端。在公司范围内，有许多用户可能会使用 PLM，但销售、市场或管理团队会感觉到 PLM 是非常复杂且难以使用的，他们不关心也不想知道什么是 PLM，而只是希望能够方便容易地访问产品信息。目前，他们只能依赖其他人提供的产品信息，这很不方便且效率低下，所以 AWC 提供了一种可以在任何时间、任何地点以及任何设备上访问产品信息的方式。图 2-271 显示了计算机端 AWC 界面，图 2-272 显示移动端 AWC 界面。

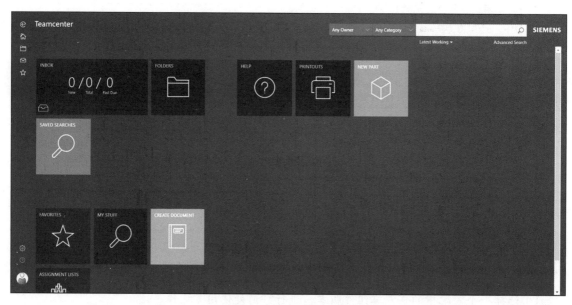

图 2-271　AWC 计算机端界面

使用 AWC 可以降低用户参与企业 PLM 的门槛。用户可以使用简单有效的命令来简化复杂任务，可方便地查看可视化数据、图片或 3D 模型，并通过报表和报告集中显示关键信息。

用户可以在计算机、PAD 及移动设备上查看 AWC，只需要浏览器支持 HTML5 及 CSS3。AWC 界面支持鼠标与触摸，支持多种操作系统，如 Windows、iOS 及 Android 操作系统。对于用户，只需要最少的安装软件，并不需要安装如 ActiveX 或者 Java 的插件。常用的浏览器有 Chrome、Firefox、IE 等。

图 2-272　AWC 移动端界面

2.9.2　AWC 的界面

1. AWC 主页

图 2-273 所示为 AWC 主页，具体说明见表 2-2。

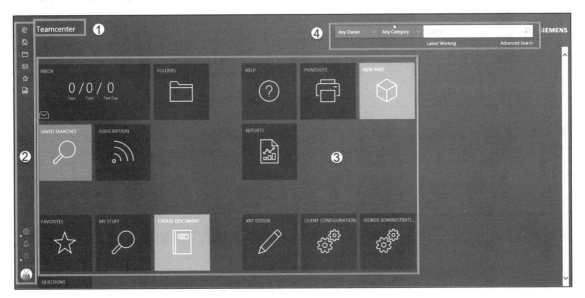

图 2-273　AWC 主页

表 2-2　AWC 界面布局介绍

序号	名称	说明
1	页眉	AWC 主页的页眉仅包含位置，如 Teamcenter
2	全局导航	无论 AWC 的哪个界面，这些命令都可用
3	工作区域	允许用户执行任务，如访问邮箱、访问 "Home" 文件夹以及保存搜索等。如果界面上有多于上述的应用块，可以通过滚动条来查看
4	全文搜索	包括访问预过滤与高级搜索

注意：不同用户的 AWC 主页会根据 AWC 的安装功能与配置不同而不同。

2. 工具条与命令

AWC 界面包含三种工具条，如图 2-274 所示，详细说明见表 2-3。

图 2-274　AWC 工具条

表 2-3　AWC 工具条详细说明

序号	名称	说明
1	"结果面板" 工具条	包含与结果区域数据相关的命令。当数据变化时，对应命令也会发生改变。一些命令会成组显示，其命令图标左下角会出现三角形
2	"工作区域" 工具条	包含与工作区域显示数据相关的命令。当数据变化时，对应命令也会发生改变
3	"主要" 工具条	包含了与界面显示数据相关的命令。当数据变化时，对应命令也会发生改变；可以通过单击图标来访问单个命令，当命令对于某个数据视图不适用时，命令图标将会灰色显示；命令也会成组显示，通过单击命令图标左下角三角形来选择成组命令

2.9.3　AWC 基本功能

1. 搜索

AWC 具有强大的搜索功能，使用 AWC 的搜索功能，可以根据数据所有者或数据类型查找数据。通过全文搜索，用户可方便通过关键字查找数据。数据搜索对话框如图 2-275 所示。

图 2-275　AWC 搜索

注意：文本搜索对大小写敏感。可以通过布尔操作符或搜索语法来定义搜索参数。通过筛选返回结果来进一步查找数据，如图 2-276 所示，具体说明见表 2-4。

图 2-276　AWC 搜索过滤

表 2-4　全文搜索过滤界面说明

序号	名称	说明
1	过滤命令	单击"过滤",即可显示显示或隐藏过滤面板
2	过滤面板	包含适用搜索结果数据的过滤条件

2. 创建与编辑数据

在 AWC 中数据都称为数据,通常用来描述零件、设计、文档或其他数据。可以通过以下三种方式创建数据:基于已有数据创建新数据、基于已有数据创建新的版本、创建或添加新数据。

下面介绍如何基于已有数据创建新数据或新的版本。

1)选择已有的数据版本。

2)选择"新建"⊕→"另存为或修订"选项,如图 2-277 所示。

3)选择版本或新建面板,创建新数据或新版本,如图 2-278 所示。

编辑对象属性:

1)显示需要修改属性的零件、文档或其他对象。

2)选择"编辑"✐→"开始编辑"选项,内容编辑框如图 2-279 所示。

图 2-277　基于已有数据另存

图 2-278　基于已有数据新建

图 2-279　内容编辑

3)输入或修改属性。

4)通过"编辑"✐→"保存编辑"选项来保存修改,或单击"取消编辑"按钮取消修改。

3. 导航结构数据

AWC 允许查看存储在 Teamcenter 中的结构。查看结构,如图 2-280 所示;导航相关数据,如 RFLP(系统工程)相关数据;保存工作上下文,以用于将来使用或共享;添加或删除结构的某一个部分,通常某一部分代表一个零件或装配;以及编辑结构部分的属性。

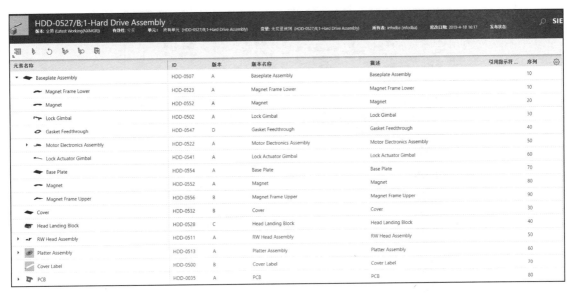

图 2-280　查看结构

4. 发起工作流

工作流是一系列对数据执行任务的组合，如审阅与批注。管理员可以为不同的内容类型分配默认工作流，例如变更请求或报告问题。当数据提交到工作流，任务会自动发送到相关责任人的邮箱。

1）选择需要发起工作流的数据。

2）从主要工具条中选择"管理"  →"提交到工作流程"选项，如图 2-281 所示。

3）接受默认的工作流程名称或输入新的名称。

4）从模板列表中选择新的工作流模板。

注意：如果内容类型已经设定了默认的工作流程，那么该流程会被默认指定为工作流程模板。

5）输入新的工作流程的描述。

6）单击"提交"按钮。

图 2-281　发起工作流

2.9.4　AWC 嵌入到应用程序

> **话题导入**
>
> 如果设计员 B 日常使用 NX 作为设计工具，平时的工作也是在 NX 环境中完成，但也需要在 Teamcenter 中获取数据，那么作为设计员，不希望频繁切换工作界面，又可以方便获取 Teamcenter 数据的方式有哪些？

用户不仅可以使用 Teamcenter 平台，还能通过在应用程序 NX 中内嵌 AWC 的方式来访问 Teamcenter 数据。AWC 界面可以以资源条的方式内嵌到 NX 界面中，用户只需要在 NX 环境下就可以通过单击 AWC 资源条的方式获取 Teamcenter 中的数据，如图 2-282 所示。

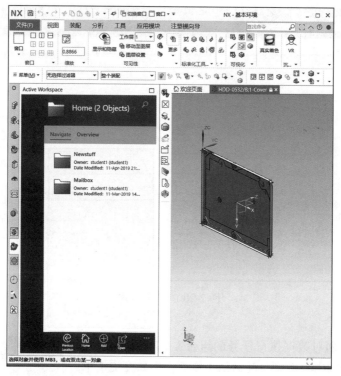

图 2-282　AWC 嵌入 NX

使用 AWC 可以降低用户参与企业 PLM 的门槛。用户可以使用简单有效的命令来简化复杂任务，可方便地查看可视化数据、图片或 3D 模型，并通过报表和报告集中显示关键信息。

● 练习

1）通过全文搜索查找某个零件。

2）基于零件发起一个工作流程。

3）对零件升级版本并修改属性。

第 3 章

Teamcenter 的管理

3.1 管理员

Teamcenter 的管理通常需要由 Teamcenter 的管理员用户进行操作。Teamcenter 的管理员通常是 Teamcenter 的 dba 组的成员，如图 3-1 所示。默认的 Teamcenter 管理员是 infodba。

Teamcenter 的管理通常在服务器上操作。由于英文版更稳定，所以服务器通常使用英文操作系统。本章的讲解截图使用英文版，读者也可以比较一下 Teamcenter 中文版和英文版的界面有什么不同。

图 3-1　Teamcenter 管理员

3.2 管理首选项

首选项（Preferences）是存储在 Teamcenter 数据库中的设置选项，提供了一种控制机制并通过允许修改接口、设置默认行为和指定来定义 Teamcenter 行为默认值。在启动或登录时，Teamcenter 会读取一些首选项，其他设置在 Teamcenter 应用程序使用期间读取。Teamcenter 的首选项类似于操作系统的系统变量。

首选项允许配置应用程序行为的许多方面，例如如何配置程序集被修改、指定操作是否绕过扩展规则以及哪些扩展规则 Teamcenter 对象显示在集成中。每个应用程序有相关的首选项。

通过访问 Teamcenter 的菜单，选择"编辑"→"选项"，可以访问首选项，如图 3-2 所示。

有些首选项是通过对话框左侧的选项树访问的。例如，在选项树中单击 NX，可以在右侧的检查框中设置是否在 Teamcenter 界面中显示 NX 图标，如图 3-3 所示。如果勾选，NX 图标就会出现在 Teamcenter 的工具栏上，如图 3-4 所示。

图 3-2　管理首选项

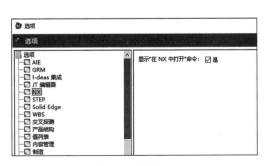

图 3-3　勾选 NX

图 3-4　显示 NX 图标

由于上面的操作是普通用户的设置，所以在中文版中操作。

大多数首选项是通过搜索查找的。用户可以在对话框的右下角单击"搜索"，然后在"搜索关键字"文本框中输入首选项的前几个字符，首选项就可以被找到。例如要查找"ActiveWorkspaceHosting.SEEC.URL"的信息，用户只需要在"搜索关键字"文本框中输入"Active"就能快速找到，如图 3-5 所示。首选项"ActiveWorkspaceHosting.SEEC.URL"明确 Solid Edge 程序 ActiveWorkspace 客户端的路径。该描述信息可以在"描述"文本框内看到，如图 3-5 所示。

首选项可设置保护范围，从下往上分别是系统、站点、组、角色和用户，如图 3-6 所示。系统和站点级别的首选项只有管理员才能修改。组的管理员可以修改组和角色的首选项，而普通用户只能修改用户级别的首选项。例如首选项"ActiveWorkspaceHosting.SEEC.URL"是站点级别，而"显示 NX 图标"这个首选项是用户级别，不使用 NX 的用户不需要在 Teamcenter 界面上显示 NX 图标。

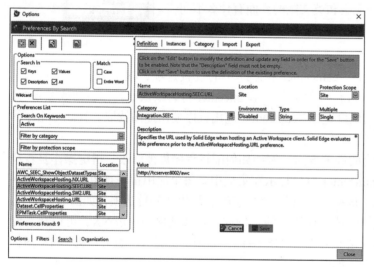

图 3-5　搜索首选项　　　　　　　　　　　图 3-6　保护范围选项

首选项可以是单值或多值。例如首选项"AWC_SEEC_ShowObjectDatasetTypes"规定了哪些数据集在 AWC 中可以单击"从 Solid Edge 中打开"按钮来查看，如图 3-7 所示。从该首选项可以看出，当用户选中 Solid Edge 的装配体、图样、零件或者钣金数据集时，AWC 会显示"从 Solid Edge 中打开"按钮。在对话框的右下角，用户可以对首选项进行修改，如图 3-8 所示。

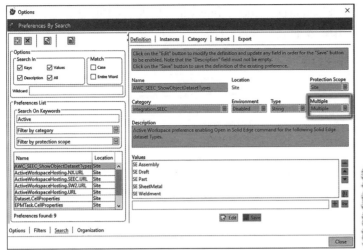

图 3-7　定义多值

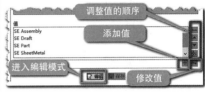

图 3-8　编辑

通过单击左上角的"报告"按钮，可以检查 Teamcenter 系统中已经修改了的首选项，并可以导出为 XML 文件。管理员也可以通过"导入"命令将 XML 文件中的首选项导入 Teamcenter 系统，如图 3-9 所示。

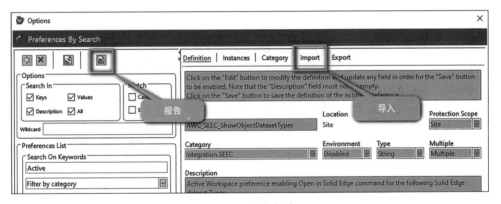

图 3-9　导入报告

3.3　数据的存储

3.3.1　卷

在 Teamcenter 中有大量的文件需要存储，例如 NX 文档、JT 文档以及 Office 文档等，这些文档被存储在 Teamcenter 服务器的文件夹中，这些文件夹称为卷（Volume）。普通用户不可以直接访问卷，必须通过 Teamcenter 系统，按照适当的授权才可以访问卷中的文件。

卷的管理由管理员在组织（Organization）中进行。管理员可以为不同用户组设置不同的卷，如图 3-10 所示。

不同的组（例如各个分公司）可以拥有自己独立的文件存储空间，增强了文档的安全性，如图 3-11 所示。通过首选项"TC_Volume_Max_Files_Per_Dir"可以限制每个文件夹下存储的文件数量。如果一个文件夹下有上万个文档，可能会导致 Teamcenter 的性能下降。管理员可以通过设置首选项"TC_Volume_FilesPerDir_Check_Interval"监视卷的使用情况,使用"move_volume_files"实用命令迁移卷中的文件。

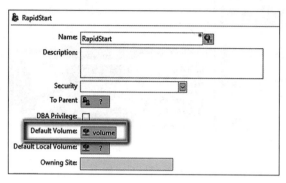

图 3-10 默认卷

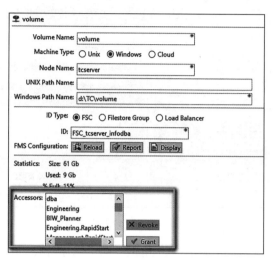

图 3-11 访问者

3.3.2 数据库

在 Teamcenter 中存储的数据除了文档,还有大量的其他信息,例如零组件的编码、版本以及零组件版本的属性。文档以外的产品数据都是存储在数据库中,存储在数据库中可以便于快速的检索。

Teamcenter 仅能使用两种数据库之一:Oracle 数据库或者 Microsoft SQL server 数据库。数据库可以安装在 Teamcenter 服务器上,也可以安装在不同的服务器上。如果 Teamcenter 服务器使用 Unix 或 Linux 主机,数据库必须使用 Oracle 数据库。

3.3.3 系统备份

服务器可能由于一些原因崩溃,常用的解决方案是将系统从备份恢复,所以系统备份在实际使用过程中非常重要。

由于 Teamcenter 集中存储,所以只需要备份服务器,而不需要备份客户端。

Teamcenter 服务器有四个常用的文件夹:TC_ROOT、TC_DATA、TC_VOLS 和 TC_SQLD。其中 TC_ROOT 用于存放执行文件,TC_DATA 存放配置文件。这两个文件夹在服务器运行过程中不会发生变化,只有当系统升级或添加新功能时才需要备份。TC_VOLS 文件夹是 Teamcenter 的卷文件夹,用于存放文档。TC_SQLD 文件夹是 Teamcenter 的数据库文件夹,存放文档以外的产品信息。这两个文件夹需要经常备份。

备份 TC_VOLS 文件夹,需要先运行"backup_modes"实用命令,停止卷服务,然后直接复制文件夹。对于数据库可以使用专业的数据库备份工具进行备份。例如,如果使用微软的 SQL 数据库,可以使用第三方的工具通过微软的虚拟设备接口(VDI)对数据库进行备份。Oracle 也有相应的备份工具。如果使用预配置的 Teamcenter 系统 TcRS(Teamcenter Rapid Start),而 TcRS 一般部署在虚拟机上,则可以直接使用虚拟机的备份工具对整机进行备份,不需要单独对文件夹进行备份。

3.4　组织

下面使用 infodba 系统管理员进行操作。

首先使用系统管理员账号 infodba 登录服务器端，登录进去直接访问 Organization（组织），如图 3-12 所示。

组织管理是由部门（Group）来组成的，而部门（Group）包括子部门（Subgroup），它是由用户（User）和人员（Person）组成的。组织管理组成关系如图 3-13 所示。

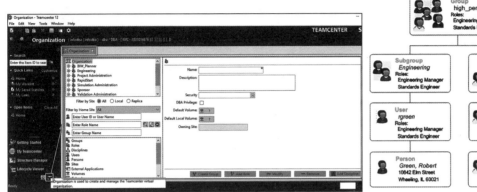

图 3-12　访问组织（Organization）

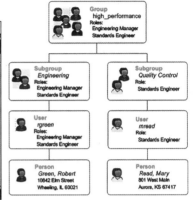

图 3-13　组织管理组成关系

3.4.1　人员和用户

人员（Person）是一个拥有真实世界中信息的定义参数，是关于 Teamcenter 用户（User）的信息，例如名字、地址和电话号码。

用户（User）可以理解为 Teamcenter 里面的使用账号，可以属于多个部门（Group），并且必须指派一个默认部门。每一个用户在一个部门里面会被指派一个角色（Role）。

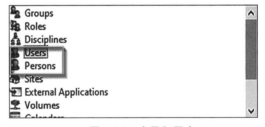

图 3-14　人员和用户

在组织列表树中，双击"人员"或"用户"选项，查看人员和用户列表，如图 3-14 所示。查看相关信息，如图 3-15 和图 3-16 所示。在组织列表树中，输入要查找的用户，如 user1，单击"查找"按钮查找用户，如图 3-17 所示。

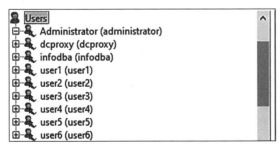

图 3-15　查看用户信息

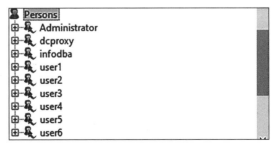

图 3-16　查看人员信息

创建用户时，单击组织列表树里 User 节点，右侧会显示定义面板，在其中输入必要信息

（标记蓝色＊星号），密码可以同用户名称。在创建用户时，可以使用已存在的人员，也可以创建新的人员，如图 3-18 所示。填完信息后，单击左下角"Create"按钮，如图 3-19 所示，新用户连同新人员一起创建成功。创建结果如图 3-20 所示。

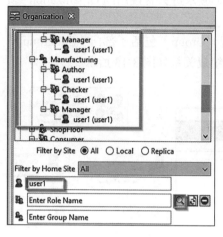

图 3-17　查找 user1

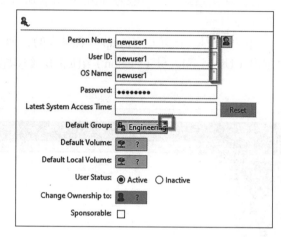

图 3-18　创建用户（一）

图 3-19　创建用户（二）

　　修改已存在用户，则先选中需要修改的用户，在右侧定义面板进行相应修改，如图 3-21 所示，之后保存修改。单击下方"Modify"按钮，如图 3-22 所示；如果要删除，则单击"Delete"按钮。"Clear"按钮用于清除当前面板输入的信息。修改结果如图 3-23 所示。

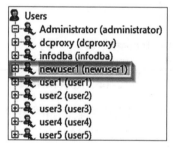

图 3-20　用户创建结果

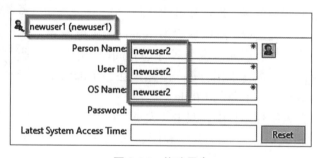

图 3-21　修改用户

图 3-22　修改按钮

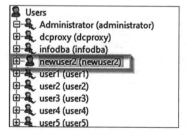

图 3-23　修改用户结果

3.4.2　部门和角色

部门（Group）是一些共享产品数据的用户们的编组。子部门（Subgroup）是以某一部门为父级别的编组。角色（Role）代表的是一种特殊的技能和责任。在许多部门（Group）或者子部门（Subgroup）可以有相同的角色。Teamcenter 根据部门和角色提供对数据的访问权限。

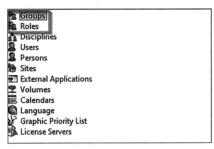

图 3-24　部门和角色

在组织列表树中，双击"Groups"或者"Roles"选项，就可以查看部门与角色，如图 3-24 所示。部门列表如图 3-25 所示。角色列表如图 3-26 所示。

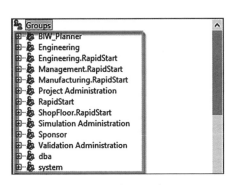

图 3-25　部门列表

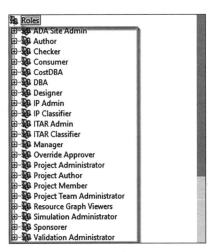

图 3-26　角色列表

搜索部门与角色，分别如图 3-27 和图 3-28 所示。添加部门，可以同时添加已存在的角色，角色操作类似于添加用户，基本操作界面分别如图 3-29 和图 3-30 所示。也可以在左上角组织树中选中"Organization"选项创建部门，或者选择任一已存在部门，创建子部门，同时创建角色、人员和用户。推荐使用上述操作流程来创建所有组织对象。下面讲解整个操作过程。

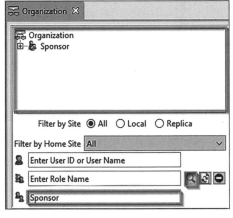

图 3-27　搜索部门

图 3-28　搜索角色

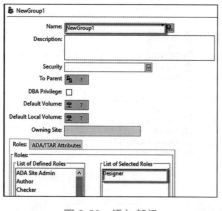

图 3-29　添加部门

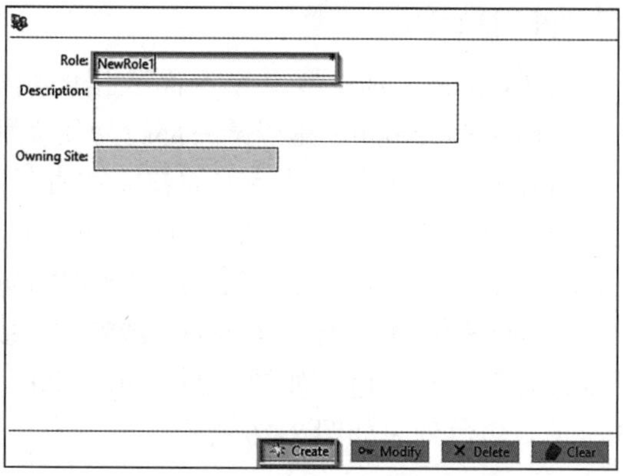

图 3-30　添加角色

1）选中"Organization"选项，右侧组织面板输入部门名称，单击"Create Group"按钮创建部门，如图 3-31 所示。

2）选中新创建的部门"NewGroup2"，然后在右侧组织面板单击"Add Role"按钮，选择"Add new role to the group"选项，如图 3-32 所示。

图 3-31　创建部门

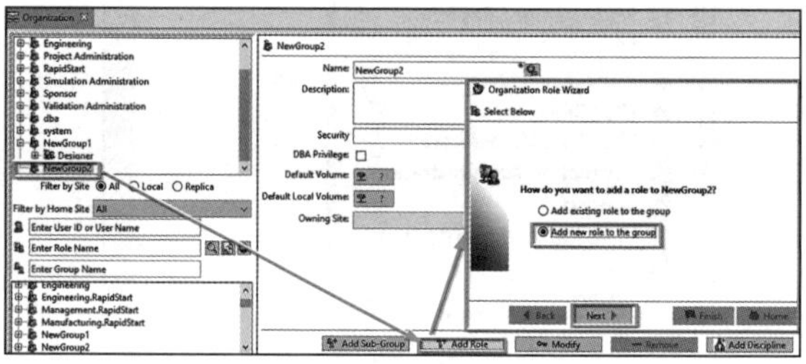

图 3-32　添加角色

3）输入新角色信息，单击"Finish"按钮，如图 3-33 所示。

4）选中新创建的角色，在右侧组织面板单击"Add User"按钮，如图 3-34 所示。

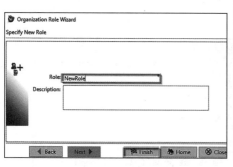

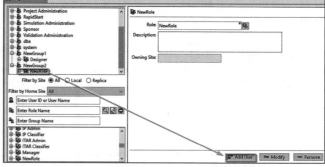

图 3-33　输入新角色信息

图 3-34　添加用户到角色

5）弹出对话框，选择"Add new user to the group/role"选项，如图 3-35 所示。

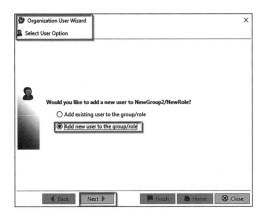

图 3-35　创建新用户到部门 / 角色里

6）输入关键信息，单击"Finish"按钮，创建成功，如图 3-36 和图 3-37 所示。

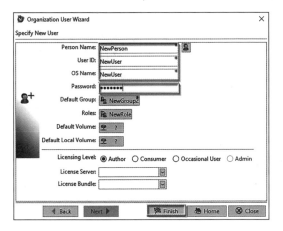

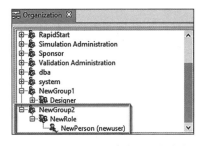

图 3-36　输入人员用户信息　　　　　　　图 3-37　创建新用户人员到新角色

对于中文语言化的问题，建议按照下述方案配置。

1. 中文本地化角色

1）选择要本地化的角色，在右侧组织面板单击按钮，在本地化对话框内输入中文信息，如图 3-38 和图 3-39 所示。

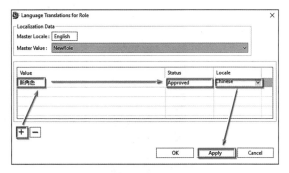

图 3-38　单击本地化角色按钮　　　　　　图 3-39　输入本地化值

2）单击"OK"或者"Apply"按钮，确认修改（Modify）角色。

2. 中文本地化部门

1）选中要本地化的部门，单击右侧组织面板 按钮，在本地化对话框内输入中文信息，如图 3-40 和图 3-41 所示。

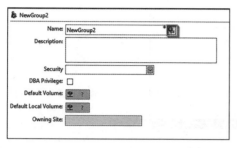

图 3-40　单击本地化部门按钮

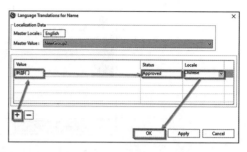

图 3-41　输入本地化值

2）单击"OK"或者"Apply"按钮，确认修改（Modify）部门。

3）使用中文环境客户端普通账户 user1，登录系统和查看本地化结果，如图 3-42 所示。

3.4.3　权限

在产品生命周期管理系统中，产品数据的访问权限控制至关重要。PDM 系统必须能够对权限进行相应设置，以满足工业流

图 3-42　查看本地化结果

程的要求。在 Teamcenter 中，权限由系统管理员设置。具体使用的应用程序称为访问管理器（Access Manager）。

通常情况下同一部门对项目数据都要求有读取的权限，创建数据的用户则有删除的权限。下面讲解如何完成这个配置。

权限管理器访问方法是先单击"添加应用程序"（Add Applications）选项，然后选择"访问管理器"（Access Manager）选项，如图 3-43 所示。权限管理器应用程序已经被添加到左侧浏览面板底部，如图 3-44 所示，单击图标，即可看到权限管理器界面，如图 3-45 所示。

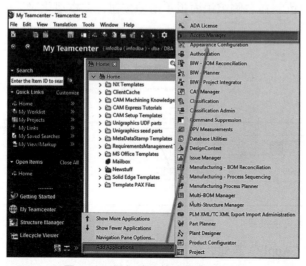

图 3-43　添加访问管理器访问入口

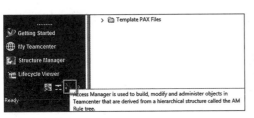

图 3-44　访问管理器访问入口

图 3-45　权限管理器界面

下面创建相应的权限。由于 user1 用户创建的对象对于 user1 所在的部门有读写权限，但没有删除权限，部门管理员可以删除。除此之外，其他用户没有读取权限。

1）权限管理器左边是权限规则树，选中"Has Class (Item)"→"TcRsShopfloorViewer"选项，在右侧权限规则编辑框"Condition"处通过下拉箭头选择"Owning User"选项，"Value"处通过下拉箭头选择"user1"，如图 3-46 所示。

图 3-46　条件与值

2）在权限规则编辑区域"Named ACL"（命名的权限访问控制列表）处选择空的 ACL，输入新的 Named ACL 名称为"user1GroupACL"，可以看到星号为高亮状态，如图 3-47 所示。

图 3-47　创建新的 ACL

3）单击高亮星号，新的 Named ACL 创建成功，如图 3-48 所示。

4）下面为新的 ACL 添加访问条目，单击右边的"+"按钮，如图 3-49 所示。

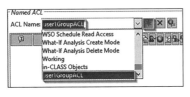

图 3-48　新 ACL 创建成功

图 3-49　添加新 ACL 访问控制条目

5）添加访问条目，如图 3-50 所示，用户 user1 具有常用权限，当鼠标指针停在权限图标上会有文字显示其名称。

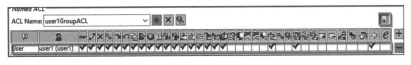

图 3-50　添加条目（一）

6）单击右上角 按钮，继续增加部门（Group）权限，设置为可读可改、不能删除，如图 3-51 所示。

图 3-51　添加条目（二）

7）继续为部门管理员（Group Administrator）添加与 user1 用户相同的权限，如图 3-52 所法。

8）继续为增加其他人（World）添加权限，设置为不可读、不可写及不可修改，如图 3-53 所示。

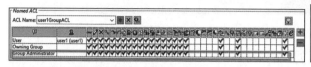

图 3-52　添加 Group Administrator 条目

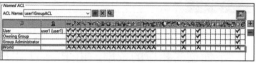

图 3-53　添加 World 条目

9）保存创建的 ACL 条目，再单击访问管理器编辑栏左侧底部的"Add"（添加）按钮，如图 3-54 所示。

10）至此访问权限规则已经创建，如图 3-55 所示。另外，也可以通过菜单栏上下箭头调整优先级。优先级为从上到下，先子级后父级。

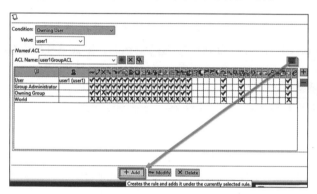

图 3-54　保存并添加结果到访问权限树

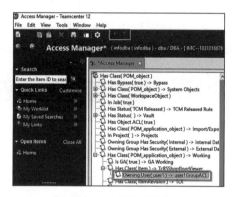

图 3-55　添加结果

11）通过"剪切""粘贴"新访问权限规则到"Has Class (POM_application_object)"→"Working"节点下第一层，再保存权限管理器结果，如图 3-56 所示。

12）从中文客户端使用 user1 登录，然后创建一个新的零组件，右击查看访问权限，如图 3-57 所示。

图 3-56　剪切、粘贴新访问权限规则

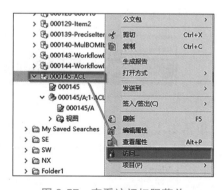

图 3-57　查看访问权限菜单

13）当前用户访问权限情况可以通过图 3-58 中的"访问权"对话框查看。

图 3-58　查看访问权限

14）单击 🔒 按钮获取访问控制权限列表，可以看到之前配置权限的结果，如图 3-59 所示。可以看见，由于优先级更高的访问权限规则在新创建的访问权限规则之上，使得 World（其他人）有其他权限。可以修改已有的配置，将 user1GroupACL 对应的规则提到 Import/Export 之上，不过一般不推荐把新建的访问权限规则放在很高的级别，以免引起系统出现访问异常而无法使用。

15）回到 Server 端，调整优先级，如图 3-60 所示。

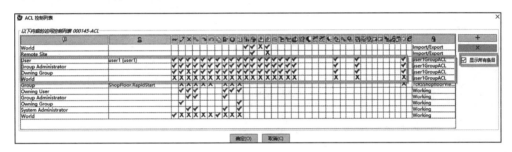

图 3-59　查看配置权限

16）重新登录中文客户端，重复之前的步骤，查看由步骤 12）新建的零组件的访问控制权限列表，结果如图 3-61 所示。图 3-61 显示之前配置用户访问权限达到预期目标，在权限树里不同权限的优先级会影响最后访问权限结果。

图 3-60　调整优先级

图 3-61　查看访问权限

○ 练习

1）创建人员和用户、部门和角色。

2）在访问管理器中创建规则树，添加 ACL。

3.5 许可证

3.5.1 许可证程序的安装

Teamcenter 许可证程序采用与 NX、Solid Edge 同样的许可证管理程序。对于商业许可，需要先在安装许可证服务的计算机上采集 CID 信息，如图 3-62 所示，然后由西门子工业软件公司生成许可证。

图 3-63 所示为获得的许可证样例。用户需要在许可证服务器上安装 Siemens PLM License Server 程序才能使用许可证。

图 3-62　采集 CID

图 3-63　许可证样例

3.5.2 许可证的管理

Teamcenter 是一个商业软件，使用 Teamcenter 需要购买许可证。Teamcenter 许可证中包含了支持的 Teamcenter 版本，例如 TC10、TC11 或 TC12。

Teamcenter 的许可证分为三种：实名制许可证、服务器许可证和浮动许可证。大部分 Teamcenter 模块的许可证是实名制许可证（Named User），这意味者每个用户都需要一个单独的许可证。如果 Teamcenter 中需要创建 50 个用户，那么需要购买 50 个用户许可证。

用户许可证分为两种：作者许可证（Teamcenter Author [TC10101]）和使用者许可证（Teamcenter Consumer [TC10102]）。作者许可证可用于创建或者修改数据，使用者许可证用于查看或审批数据。额外的模块，例如创建分类数据或者时间表数据，需要对应模块的实名制许可证。

Teamcenter 的预配置模块（Teamcenter Rapid Start [TC50100]）是服务器许可证（Per Server）。如果不涉及多站点部署，每个 Teamcenter 站点只需购买一个。

CAD 集成的接口是浮动许可证（Concurrent Simultaneous User），例如 NX 集成（NX Embedded Client [TC30600]），Solid Edge 集成（Solid Edge Embedded Client [SE375]），SolidWorks 集成（SolidWorks Integration [TC30607]）。这些许可证一般按照 CAD 的许可证数量配置，即多少个用户同时使用，就需要多少个许可证。例如某企业有 10 位工程师可能会使用 NX，但在同

一时间最多有 7 位工程师会使用 NX，那么该企业需要购买 10 个作者许可证（TC10101）和 7 个 NX 集成接口（TC30600）。

　　管理员可以在 Teamcenter 的 Organization 应用程序中设置某个用户是 Teamcenter 的数据创建者或使用者。如果员工离职，可以将对应用户设置为非活动状态（Inactive），如此可以节约许可证的使用，如图 3-64 所示。

　　Teamcenter 的许可证在服务器上验证，客户端不要设置许可证文件的位置。

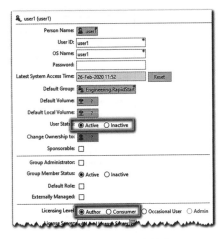

图 3-64　设置用户状态

3.6　业务建模器

3.6.1　BMIDE 概述

　　BMIDE（Business Modeler Integrated Development Environment, Business Modeler IDE，即业务建模器）是 Teamcenter 的配置工具，用于扩展数据模型。数据模型对象定义了 Teamcenter 中的对象及其规则。

　　BMIDE 是基于 Eclipse 平台构建的，Eclipse 是一个用于工具开发的通用平台，它使用插件和扩展点技术来进行扩展。

　　BMIDE 的操作需要由管理员执行。在 Teamcenter 服务器的"开始"菜单中可以找到启动 BMIDE 的快捷方式。在首次启动 BMIDE 时，选择"Create a new BMIDE Template"选项，即创建一个新的 BMIDE 模板，如图 3-65 所示。

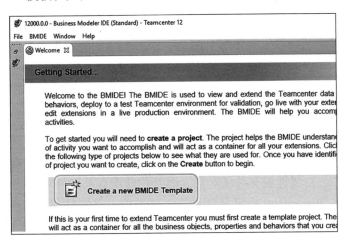

图 3-65　创建 BMIDE 模板

　　由于一个 BMIDE 项目可以被部署到多个 Teamcenter 站点中，BMIDE 项目也称为模板。

　　新建模板前缀第一个字符应是大写字母，总长 2~4 个字符。前缀中需要包含一个数字，代理商用 2 或 3，客户使用 4~9。模板名称为小写字母。模板描述不可以用中文，否则无法完成新建向导，如图 3-66 所示。

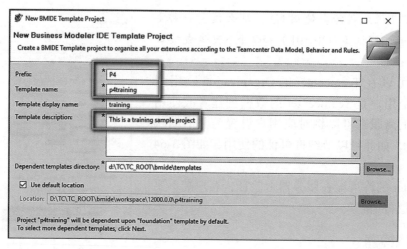

图 3-66　新建模板

　　然后选择需要定制的组件。TcRS 组件包含了预配置的 Teamcenter 功能，建议勾选，如图 3-67 所示。在支持的语言中勾选简体中文选项，如图 3-68 所示。

图 3-67　选择模板组件　　　　　　　　　　图 3-68　添加模板语言

3.6.2　定制零组件类型和零组件版本

　　在 Teamcenter 中有各种各样的数据，其操作方法各不相同。例如企业通常会用到两种零件：自制件和外购件。自制件拥有毛坯对象，而外购件没有毛坯件对象，但是拥有"供应商"属性。如此就需要在 Teamcenter 中定义两种零组件类型：自制件和外购件。定义新的零组件类型的工作是在 BMIDE 中完成的。

　　要新建一种"外购件"的零组件类型，可以进行下面的操作：

　　通过搜索找到预配置的"TcRS_Item"对象，如图 3-69 所示。用户也可以基于 Item 创建新的零组件类型，但是 TcRS_Item 与 Item 相比多了材料、重量等属性。

　　选中"TcRS_Item"对象，右击选择"New Business Object"选项，创建一个新的子类型，它将继承上级对象的所有属性，如图 3-70 所示。

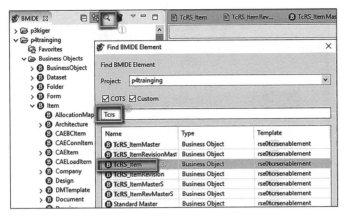

图 3-69　查找对象

图 3-70　创建新的业务对象命令

在创建新的业务对象对话框的 Name 文本框中输入对象的内部名称。内部名称必须以项目名称开头，不能包含汉字和空格，然后单击对话框最下面的"Finish"按钮，如图 3-71所示。

至此，在"TcRS_Item"节点下将有一个派生的对象"P4_PurchasesPart"。双击"P4_PurchasesPart"进行编辑，在 Localization 界面中，可以添加本地化名称"外购件"，如图 3-72所示。这样在中文版的 Teamcenter 中就能显示为"外购件"，而不是"Purchases Part"。

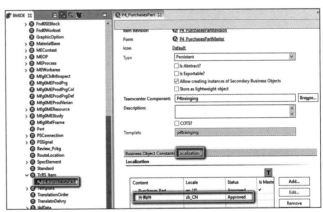

图 3-71　创建新的业务对象对话框

图 3-72　为业务对象添加本地化名称

3.6.3　定制属性

外购件有些特有的属性，例如"供应商"。对于每一个零件，有可能随着版本的变化而更换供应商，所以"供应商"属性应该在零组件版本对象上，而不在零组件对象上。

在"P4_PurchasesPart"对象上找到"P4_PurchasesPartRevision"对象，单击打开，如图 3-73 所示。

在版本对象的"Properties"界面中，可以看到版本的所有属性，单击"Add"按钮添加新的属性，如图 3-74 所示。

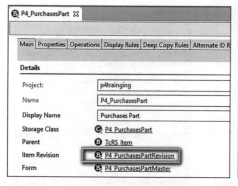

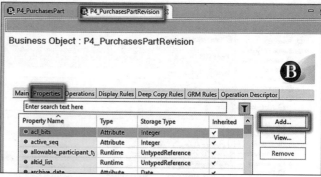

图 3-73　定制属性的位置　　　　　　　　　图 3-74　添加属性命令

在"New Property"（新建属性）对话框中，选择"Persistent"添加持久属性，如图 3-75 所示。其中输入属性的英文名称和字段长度。注意，在 utf-8 字符集中每个汉字占用 3 个字符宽度，所以字符串长度为 64 则对应最多可以输入 31 个常用汉字，如图 3-76 所示。单击"Finish"按钮，完成"供应商"属性的创建。在"p4_Supplier"属性的"Localization"界面中，可设置该属性的中文名称为"供应商"，如图 3-77 所示。

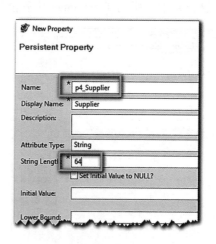

图 3-75　选择属性类型　　　　　　　　　图 3-76　属性设置

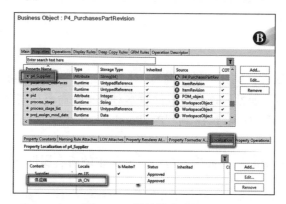

图 3-77　属性的本地化

3.6.4　定制值列表

有些属性不是文本类型的，例如采购区域可以分为华东、华南、华北、国外四个大区，用户需要从下拉框中选择一个采购区域。为此在 BMIDE 中对应设置一个值列表（LOV，List of Value）来表示上述采购区域。

管理员右击"Classic LOV"，选择"New Classic LOV"选项，如图 3-78 所示。

在"New Classic LOV"对话框中的 LOV Values 中输入值，如图 3-79 所示。管理员可以在"Localization"对话框中输入值的对应中文值，如图 3-80 所示。

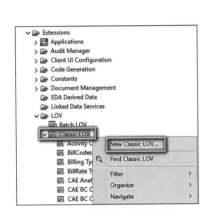

图 3-78　创建值列表命令

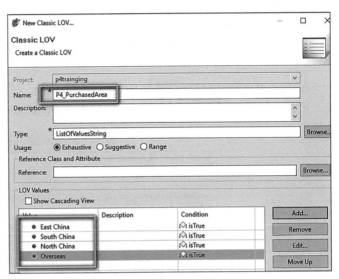

图 3-79　创建值列表的值

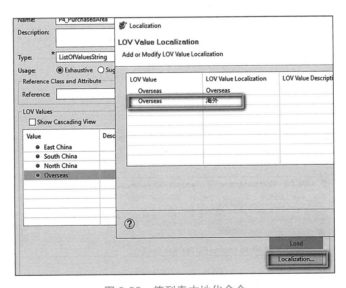

图 3-80　值列表本地化命令

在"P4_PurchasesPartRevision"中新建一个代表"采购区域"的属性"p4_PurchasedArea"，并为"p4_PurchasedArea"属性设置一个本地化名称，如图 3-81 和图 3-82 所示。

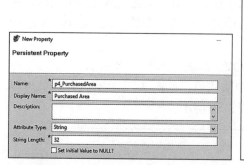

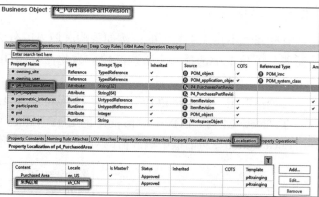

图 3-81　为零组件版本增加属性　　　　　　　图 3-82　为属性增加本地化名称

在"p4_PurchasedArea"属性的"LOV Attaches"界面中添加"P4_PurchasedArea"值列表，至此"采购区域"属性就不允许用户手动填写，只能从四个区域中选择一个，如图 3-83 所示。

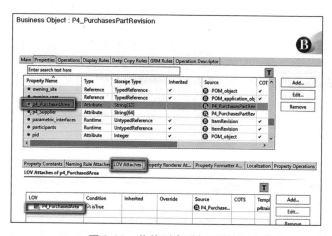

图 3-83　将值列表附加到属性

3.6.5　BMIDE 的部署

要使 BMIDE 中的配置在 Teamcenter 中生效，必须要部署，方法如下。

1）单击"保存"按钮，保存 BMIDE 模板，如图 3-84 所示。

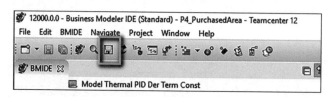

图 3-84　保存模板

2）在"BMIDE"菜单中单击"Deploy Template"选项，如图 3-85 所示。

3）在"Deploy"对话框中，输入管理员的密码，然后选择"Connect"选项，连接 BMIDE 和 Teamcenter 服务，如图 3-86 所示。

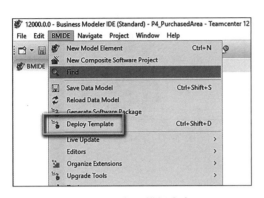

图 3-85　部署模板命令

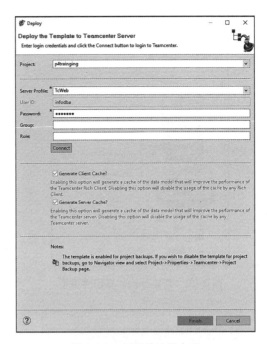

图 3-86　部署的连接名称

4）单击 "Finish" 按钮开始部署，这需要几分钟的时间，如图 3-87 所示。

5）部署完成后需要重启 Teamcenter 服务器或者重启 Teamcenter Server Manager 服务，如图 3-88 所示。

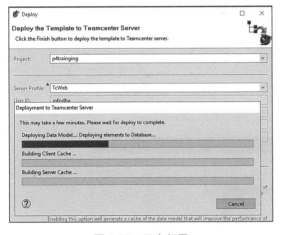

图 3-87　正在部署

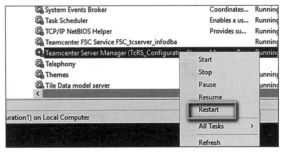

图 3-88　重启 Teamcenter Server Manager 服务

3.6.6　确认部署成功

通过上述操作，在 Teamcenter 客户端 "新建零组件" 对话框中可以找到新创建的 "外购件" 零组件类型，如图 3-89 所示。

在新建的零组件版本中右击选择 "编辑属性" 选项，如图 3-90 所示。在 "编辑属性" 对话框中单击 "全部" 和 "显示空属性" 选项，可以显示所有的属性，用户可以在其中找到 "供应商" 属性，如图 3-91 和图 3-92 所示。在 "采购区域" 属性中，可以通过下拉框选取值，如图 3-93 所示。

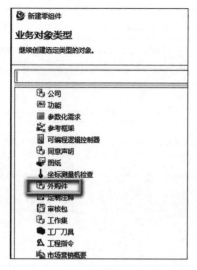

图 3-89　新建外购件零组件类型

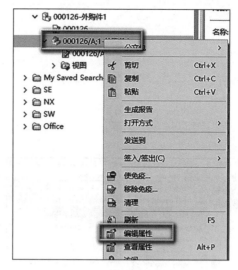

图 3-90　编辑属性选项

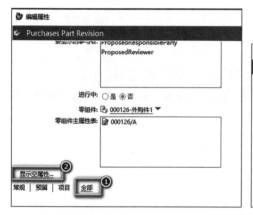

图 3-91　显示空属性

图 3-92　供应商属性

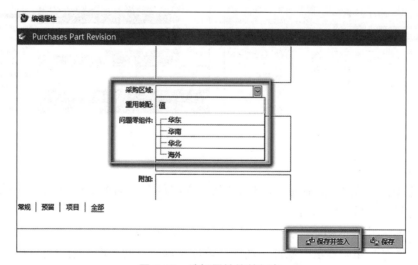

图 3-93　选择属性值并保存

单击右下角的"保存并签入"按钮，可以保存修改的值。

◉练习

1）创建一个零组件类型。

2）创建一个自定义属性。

3）将上述类型和属性部署到 Teamcenter 系统。

3.7　定制编码

3.7.1　定制编码概述

在 Teamcenter 中，每个零组件都有唯一的编码，默认的编码是从 000000 至 999999 共 100 万个编码。但在实际企业中，存在不同的编码规则。该编码规则在 Teamcenter 中称为命名规则（Naming Rules）。命名规则可以用于零组件名称、零组件版本、零组件编码与数据集等。在实际应用中，命名规则主要用于零组件编码。

命名规则在 BMIDE 中设置。在 Teamcenter 中，编码通常是由前缀和流水码构成。例如用户创建一个前缀为"CCC"与流水码为 5 位数的编码规则，支持的编码就是从 CCC00000 至 CCC99999 共 10 万个。

编码中不能包含汉字，也不建议包含特殊字符。

3.7.2　创建命名规则

在 BMIDE 中，找到"Naming Rules"对象，右击选择"New Naming Rules"选项，如图 3-94 所示。

假设需要对外购件进行单独的编码，希望外购件编码的前缀是 P，后面跟 7 位数字，编码从 P0000000 至 P9999999，用户可以按照图 3-95 所示设置。单击"Finish"按钮，完成命名规则的创建，如图 3-96 所示。

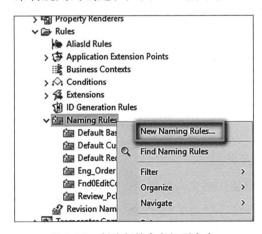

图 3-94　创建新的命名规则命令

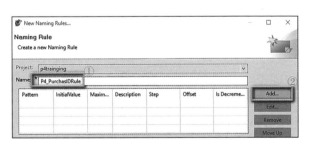

图 3-95　添加新的命名规则

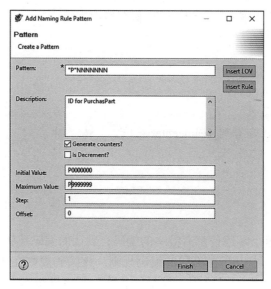

图 3-96　命名规则定义

3.7.3　将命名规则附加到零组件类型

在 BMIDE 中找到需要使用命名规则的对象类型，例如"P4_PurchasePart"，找到其对应 item_id 属性，在属性的"Naming Rule Attaches"标签页中添加之前设置的命名规则，如图 3-97 所示。

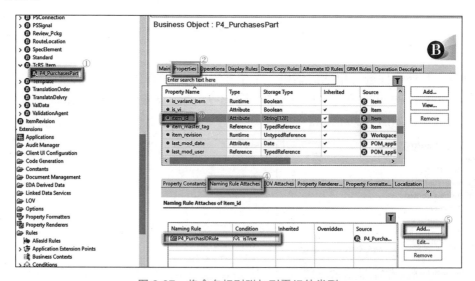

图 3-97　将命名规则附加到零组件类型

一个命名规则可以用于多个对象，一个对象也可以使用多个命名规则。保存 BMIDE 并部署到 Teamcenter，从而使命名规则生效。

3.7.4　在客户端中验证

在 Teamcenter 中新建一个"外购件"，可以发现能够使用新的编码规则，如图 3-98 所示。

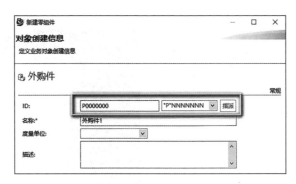

图 3-98 验证命名规则

● 练习

创建一种自定义的零组件编码，定义某种零组件类型，然后部署到 Teamcenter 系统。

3.8 定制查询构建器

查询构建器（Query Builder）用于创建针对 Teamcenter 数据库对象的自定义查询。

查询定义（Query definitions），也称为已保存查询，表示在 Teamcenter 中查找信息的搜索条件。例如，创建一个已保存的查询条件，从而在数据库中查找已发货的所有零组件。

查询构建器的界面如图 3-99 所示。

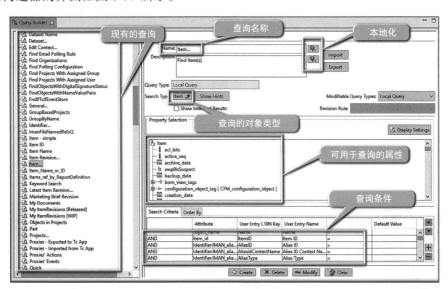

图 3-99 查询构建器界面

假设用户自定义了一种"外购件"零组件类型，外购件的版本中包含了一个自定义的"供应商"属性，需要查询某个供应商供应的所有零组件版本，可以按照图 3-100 所示设置。

管理员创建查询后，用户就能在客户端中使用此定制查询，如图 3-101 所示。

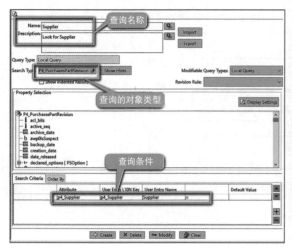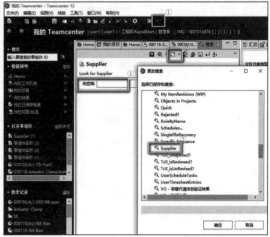

图 3-100　查询定义　　　　　　　　图 3-101　使用定制查询

● 练习

创建一种查询。

3.9　定制流程

3.9.1　工作流程概述

在 Teamcenter 和 TCRS 中，已经包含一些预配置的流程，例如设计审批流程、量产审批流程、快速审批流程等，但是并不是所有企业需要的流程都已经预配置。企业特有的流程需要通过 Workflow Designer（工作流程设计器）完成，设计工作流程需要有管理员权限。

如果在 Teamcenter 主界面中没有找到 Workflow Designer，管理员可以单击右下角的"≫"→"Add Application"→"Workflow Designer"选项找到该应用程序，如图 3-102 所示。

如果用户已经将 Workflow Designer 显示在导览窗口中，可以直接单击打开这个应用程序，如图 3-103 所示。

图 3-102　工作流程设计器的位置　　　　　图 3-103　工作流程设计器应用程序

3.9.2　在工作流程设计器中查看流程

在"Process Template"下拉框中，管理员可以查看在 Teamcenter/TcRS 中预配置的流程，如图 3-104 所示。

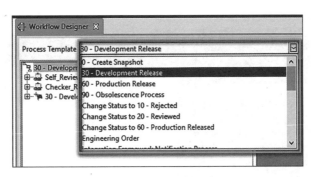

图 3-104 预配置的流程

例如，当管理员选中"30-Development Release"流程时，可以看见图 3-105 所示界面，这表示一个设计审批流程。流程中包含的"Start"表示流程的起点，会有两个人参与审批，第一个审批过程是"Self_Review"，第二个审批过程是"Checker_Review"。完成审批后，审批对象会被添加"30"标识，表示设计审批完成。最后的"Finish"是审批结束标识。

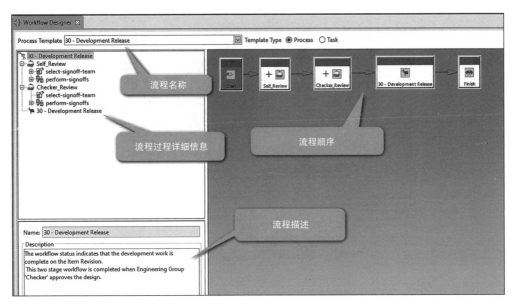

图 3-105 定制流程界面

如果管理员找不到"30-Development Release"流程，这是由于安装 Teamcenter 时没有选择"TcRS"预配置模板，所以 Teamcenter 的一些预配置功能就没有了。建议初学者按照 TcRS 方式部署 Teamcenter。

"30-Development Release"流程中如果"Self_Review"的责任人选择发起人自己自检，那么该流程只需要一个人审批。如果"Self_Review"的责任人选择另外的人，那么该流程就有两级审批流程。由此说明"30-Development Release"流程覆盖了一级和两级设计审批流程。

3.9.3 切换为编辑模式

单击工具栏上的"Edit Mode"按钮，可将工作流程设计器从查看模式切换为编辑模式，管理员可以对流程进行修改，如图 3-106 所示。

图 3-106　切换为编辑模式

3.9.4　使流程可用

完成流程设计后，管理员可以勾选"Set Stage to Available"选项发布该流程，供用户使用，如图 3-107 所示。

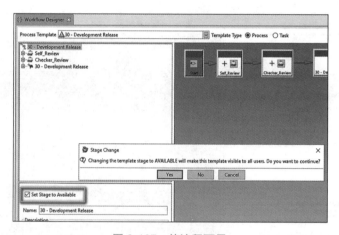

图 3-107　使流程可用

3.9.5　创建新的流程

在"File"菜单中单击"New Root Template"选项可以创建新的流程，如图 3-108 所示。

在创建新流程时，可以选择空模板，或者选择一个现有的流程作为基础。选择现有的模板可以减少工作量，并学习现有模板的设计方法，如图 3-109 所示。

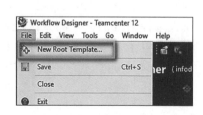

图 3-108　创建新的流程

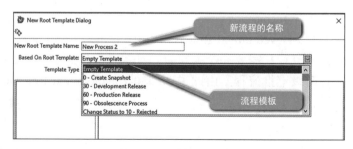

图 3-109　选择流程模板

3.9.6　创建一个三级设计审批流程

前面已经提到现有的"30-Development Release"流程可以用于一级或者二级设计审批流程，假如用户的设计审批要求比较高，要求有三个人进行审批，那么就需要创建一个新的流程。由于三级审批流程与二级审批流程类似，所以以已有的"30-Development Release"流程作为模板，并增加一个审批人。

首先，创建一个新的流程，命名为"30-3 Stage Release"，如图 3-110 所示。单击"OK"按钮后可以看到新建的流程"30-3Stage Release"与"30-Development Release"流程相同，如图 3-111 所示。

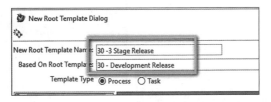

图 3-110　创建三级审批流程

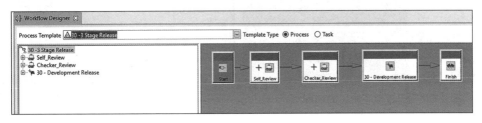

图 3-111　流程初始状态

单击工具栏中 按钮，然后在设计器主界面空白处双击，可以看到流程中新增了一个 Review Task（审批）过程，如图 3-112 所示。按 <Delete> 键删除不需要的箭头，通过单击过程空白处，可以将新的过程拖动、插入到流程中，如图 3-113 所示。

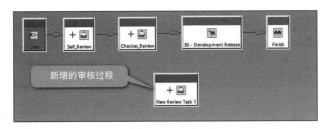

图 3-112　增加过程（流程节点）

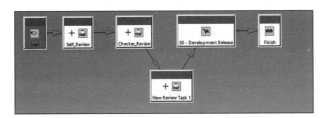

图 3-113　插入过程

选中新的过程，在 Name 文本框中修改过程的名称为"Approval_Review"，如图 3-114 所示。

接下来要选择进行第三级审批的人员。在左上角的流程树中展开"Approval_Review"，选择"select-signoff-team"，单击左下角的显示签收任务面板，如图 3-115 中序号②的图标；在任务面板中先选择审批人所在组，然后选择角色，最后单击"Create"按钮，图中选择的组和角色表明只有工程部的管理员才可以进行第三级审批。三级审批流程设计完成，单击"Set Stage to Available"按钮使该流程可用。

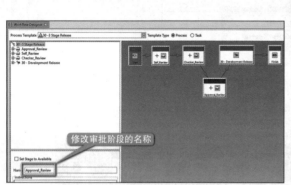 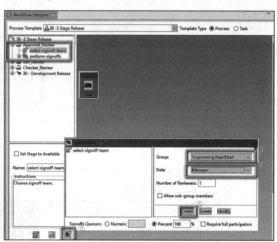

图 3-114　修改流程阶段的名称　　　　　图 3-115　设置审批人

3.9.7　更多的任务类别

在流程中不仅支持审批，也支持通知。下面是流程中可用的一些任务，见表 3-1，基于这些任务可以支持更复杂的流程。

表 3-1　流程中可用的任务

图标	任务名称	描述
✳	Do 任务	如果至少配置了一个失败路径，则有两个选项：完成确认任务，完成并触发向成功路径的分支；无法完成，指出任务因各种原因而无法完成
➡	认可任务	使用已认可和未认可子任务，每个子任务均有自己的对话框
📋	会签任务	使用审核、认可和通知子任务，每个子任务均有自己的对话框
☑	任务	使用它作为用于创建各自定制任务的起点，这样的任务如用于承载定制表单的任务或用户要完成的其他站点特定任务
◇	条件任务	按照定义的查询准则确定工作流程的分支。要求后续任务包含 EPM-check-condition 处理程序，该处理程序接受 True 或 False 布尔值
🏁	验证任务	沿两条路径或更多路径确定工作流程的分支。从任务流出的活动路径由是否出现指定的工作流程错误来确定。使用此任务可以围绕预知错误设计工作流程
🏁	添加状态	为工作流程的目标对象创建和添加发布状态
⟩	汇合	当此任务的多个前趋任务中的任何一个任务已完成或提升后，此任务将继续执行工作流程

3.9.8　对流程的名称进行本地化

在 Teamcenter 中流程的标准名称要求必须是英文，不能包含汉字。如果希望最终用户看到中文的流程名称和阶段，需要在 BMIDE 中有相应的设置和部署。其方法是将"EPMTaskTemplate"对象的"template_name"属性的"Localizable"参数设置为"true"，如图 3-116 所示。

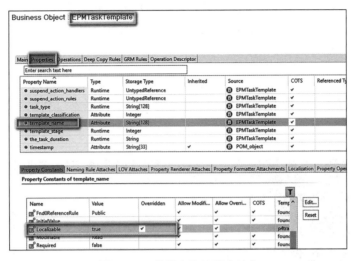

图 3-116　设置允许流程本地化

在流程设计器中，右击流程名称显示属性，在图 3-117 的流程本地化位置"Template Name"属性的右下角单击 按钮，添加本地化值，例如"30 – 三级设计审批"，如图 3-117 所示。

在最终用户的界面上，用户可以看到中文的流程名称，如图 3-118 所示。

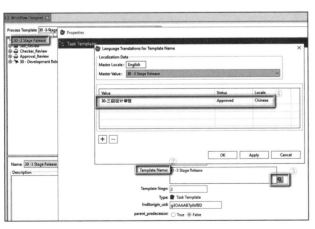

图 3-117　流程本地化位置

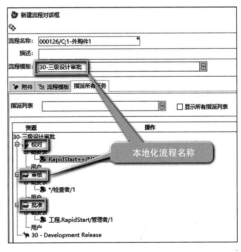

图 3-118　流程本地化样例

● 练习

创建一种自定义流程，例如四级审批流程，包含设计、校对、审核和批准。

3.10 项目管理

3.10.1 项目管理概述

项目管理（Project）是 Teamcenter 中管理项目的权限访问功能的应用。项目的设置通常由 Teamcenter 的系统管理员完成（dba 组的 DBA 角色）。项目管理无需单独安装，也无需独立的许可证，它是 Teamcenter 的默认功能。

3.10.2 项目管理界面

图 3-119 所示为项目管理的主界面，左侧是项目应用程序入口和快速链接，中间是项目树，展示了项目列表，右侧是项目详细内容，如图 3-119 所示。

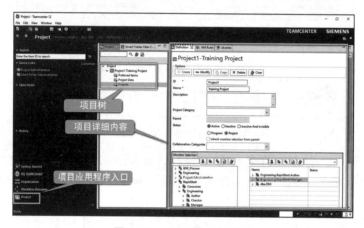

图 3-119　项目管理主界面

3.10.3 项目 ID 和项目名称

在"Definition"标签页中，指定项目的 ID 和名称。ID 必须是英文且唯一，项目名称建议使用英文，如图 3-120 所示。

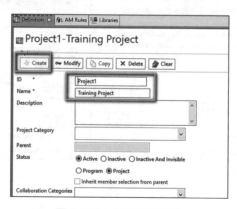

图 3-120　创建新的项目

3.10.4 项目成员

项目组的角色见表 3-2。

表 3-2　项目组角色

角色	中文角色名	职能	备注
Project Administrator	项目管理员	创建项目和人员	infodba
Team Administrator	项目小组管理员	管理成员	项目经理
Privileged Team Members	项目特权成员	添加数据或移除数据	工程师
Team Members	项目成员	查看数据	数据使用者

在 Member Selection 框中，管理员可以指定项目组的成员，如图 3-121 所示。

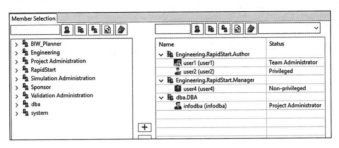

图 3-121　项目组成员

3.10.5　设置项目权限

创建一个权限规则，单击"AM Rules"选项，在"Value"框中输入当前的项目 ID，"ACL Name"框中也输入当前的 ID，单击"创建"按钮。

在权限内容中，当前项目组成员可以查看，而其他人无权查看。如此项目数据就可以确保只有项目组内部人员可以访问。保存后单击"+"按钮，权限设置就被加入到 Teamcenter 的权限树中，如图 3-122 所示项目权限。

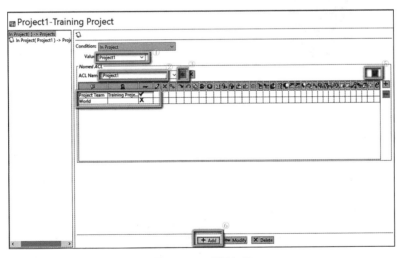

图 3-122　项目权限

在访问管理器中显示图 3-123 所示权限树，删除默认的权限，如图 3-124 所示，完成设置后保存权限设置。

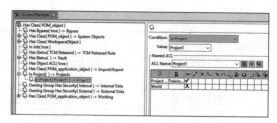

图 3-123　管理器权限树

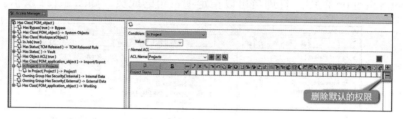

图 3-124　删除默认的权限

3.10.6　普通用户查看自己的项目

以普通用户 user1 登录 Teamcenter 客户端。

单击"我的项目"应用程序快速链接，可以看到 user1 所有的项目，如图 3-125 所示。

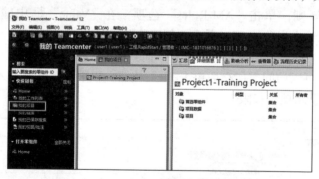

图 3-125　查看自己的项目

3.10.7　将对象添加到项目

右击零组件或零组件版本，选择"项目"→"指派"选项，即可将选中的对象添加到项目，如图 3-126 所示。如添加一个零组件到项目，那么其下所有的零组件版本都会加入项目。

图 3-126　将对象添加到项目

3.10.8　查看项目信息

在零组件的"汇总"标签页中的"项目信息"选项中可以明确零组件当前所属的项目，如 图 3-127 所示。在我的项目中，也可以查看属于该项目的零组件和零组件版本，如图 3-128 所示。

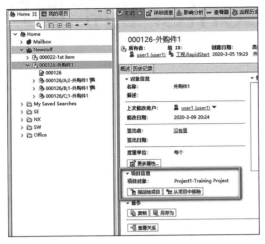

图 3-127　零组件版本的项目信息

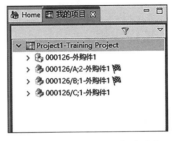

图 3-128　项目中包含的对象

3.10.9　项目组外的人查看项目零组件

项目组外成员搜索项目零组件会出现下面的对话框，如图 3-129 所示。

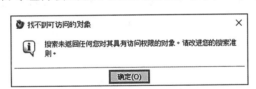

图 3-129　项目组外人员访问项目数据

3.10.10　项目结束后修改状态

项目结束后如果将项目状态设置为"Inactive"，项目数据将可见但不可修改。如果将状态设置为"Inactive and Invisible"，项目数据则不可见，如图 3-130 所示。

修改项目数据是指在项目中增加或移除对象，而不是对项目关联零组件的修改。

图 3-130　设置项目完成后的状态

● 练习

1）创建一个项目，指定项目组成员。

2）将某个零组件分配到这个项目。

第 4 章

Teamcenter 的扩展功能

4.1 工程变更

4.1.1 工程变更简介

话题导入

　　某设计部门根据客户需求设计了一款产品，但物理测试时却出现了某些设计需求没有满足的情况，那么设计部门就需要对之前的设计进行修改，从而发生变更。如何跟踪变更在产品全生命周期内对产品的影响就变得尤为重要，为此，Teamcenter 的变更管理模块便能针对性地处理此类问题。用户可以提出对产品的变更新需求，并在全生命周期范围内对变更过程进行控制，如变更各环节的审阅与批准，以及变更实施的监控。

　　变更管理使企业能够通过提供问题识别、变更授权、协调和规划的机制、成本和收益分析以及记录保存，确保对产品所做的每个更改的质量。

　　变更的流程主要包括以下四部分：确定更改原因→建立解决方案→实施更改流程→合并更改结果，具体流程可根据企业自身业务定制。

　　更改管理器主界面如图 4-1 所示。

　　1）更改主目录：包含系统管理员和用户定义的更改对象的已保存的搜索。默认搜索是"打开的更改"。

　　2）更改管理器透视图：包含显示更改属性、相关物料、物料清单更改、更改效果和工作分解任务的视图。

　　使用更改管理器与工作流程查看器，根据受控的、可重复的流程，使企业跟踪产品的演变。

　　使用更改管理器与计划管理器，创建可用于计划和规划产品更改工作的分解结构。

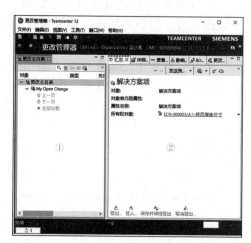

图 4-1　更改管理器主界面

4.1.2　问题报告

问题报告的作用是启动更改。问题报告能够捕获有关问题或增强功能的信息，它包括确认和重现的任何问题，或记录增强请求的细节所必需的信息，以及其他属性，如记录问题的严重性的信息，并设置相对于其他问题报告解决问题的优先级。问题报告的处理有时会导致创建更改请求。

创建问题报告是变更过程中的可选步骤。根据站点的约定，首先识别问题或使用更改请求，而不是使用问题报告识别。问题报告可以通过一个或多个更改请求进行处理。

具有相关权限的用户可建立问题报告，常用方式如下：

1）选择即将包含问题报告的文件夹，选择"文件"→"新建"→"更改"选项，弹出"新建更改"对话框，创建问题报告，如图 4-2 所示。

2）右击某零组件版本，选择"新建关联的更改"选项。

在"概要"与"描述"框中输入相关信息，也可选输入"PR 编号"与"版本"，如不输入，Teamcenter 会自动生成。上述两种创建方法中，不同的是，基于零组件创建的问题报告会自动将零组件拷贝到问题报告的"问题项"中，如图 4-3 所示。

图 4-2　创建问题报告

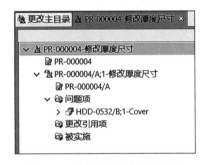

图 4-3　创建问题报告完成效果

创建问题报告后，由于站点的不同配置，可以基于问题报告发起工作流程，指定不同角色来完成不同审核任务，以便团队对问题报告进行鉴别，确定是否同意问题报告。

4.1.3　变更请求

变更请求的目的是启动建议更改，并捕获与更改相关的业务决策的建议。

变更请求提出一个解决方案，包括成本估算和进行更改的益处，而实际解决方案（如新项目修订版）在变更通知中实现。

变更请求通常是对问题报告的响应，除非跳过了问题报告阶段。单个变更请求可以逻辑地对多个问题报告中标识的问题进行分组和解决。变更请求可以由一个或多个变更通知解决。

创建变更请求的方式如下：

1）选择即将包含变更请求的文件夹，选择"文件"→"新建"→"更改"选项，创建更改请求，如图 4-4 所示。

2）右击某零组件版本，选择"新建关联的更改"选项。

3）选择一个或多个问题报告版本，右击选择"派生更改"选项，基于问题报告创建更改请求，如图4-5所示。

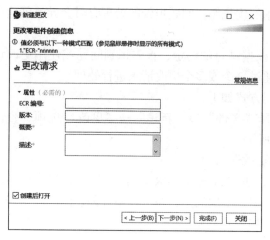
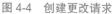

图4-4　创建更改请求

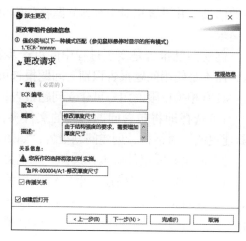

图4-5　基于问题报告创建更改要求

如果选择了基于问题报告的派生更改，那么该问题报告会自动添加到关系信息中，可手动编辑。默认问题报告会自动关联到变更请求的"实施项"中，如图4-6所示。

同样，基于站点的设置，创建变更请求后，可发起站点配置的相关流程，使团队的成员能够协同工作，添加变更请求关联的"更改引用项""受影响项"以及"计划项"，以便变更请求的相关文档、受影响的零组件以及变更工作计划与变更请求关联，然后梳理数据，使相关流程参与者清晰查看相关数据，如图4-7所示。

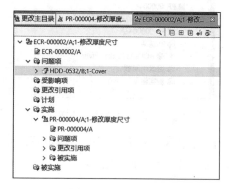

图4-6　基于问题报告创建的变更请求

图4-7　更改请求创建完成效果

4.1.4　变更通知

变更通知的目的是实现更改。它提供了一个详细的工作计划，以解决一个或多个变更请求或一个变更请求的一部分。变更通知标识受更改影响的所有项目和文档，并授权处理更改的操作。

创建变更通知的方式如下：

1）选择即将包含变更请求的文件夹，选择"文件"→"新建"→"更改"选项。

2）右键单击某零组件版本，选择"新建关联的更改"选项。

3）选择一个或多个变更请求版本，右击选择"派生更改"选项，基于更改要求创建变更通知，如图 4-8 所示。

如果是基于变更请求创建的派生更改，关系信息会自动记录相关变更请求，该信息可手动编辑，创建结果如图 4-9 所示。

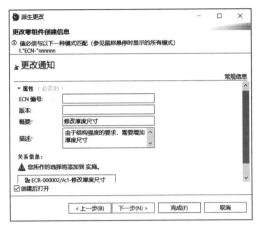
图 4-8　基于更改要求创建变更通知

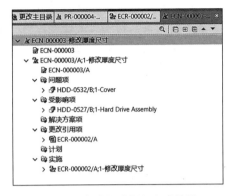
图 4-9　创建更改通知完成效果

同样，创建变更通知后，基于站点配置的工作流程，相关用户可进行审批及协同工作。

4.1.5　变更实施

变更实施的主要目的是对变更通知的相关"问题项"工作，主要包括制定相关实施计划，基于"受影响项"的内容创建"解决方案项"，并对"解决方案项"进行相关处理，处理的原则根据相关项的内容不同而不同。以修改 BOM 结构中某个零组件为例，需要对"解决方案项"的内容进行 BOM 相关操作，如 BOM 节点替换、替代件管理以及设置有效性等，使修改能应用到后续工作流程中。如图 4-10 和图 4-11 所示分别是 BOM 节点替换的操作与替换后的效果展示。

图 4-10　BOM 节点替换

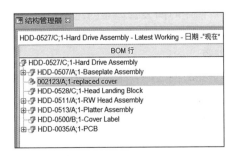
图 4-11　BOM 节点替换后效果

○ 练习

1）基于某个 BOM 节点对应的零组件版本创建问题报告。

2）发起问题报告审批流程，并分配不同任务给不同角色。

3）基于问题报告创建变更请求。

4）发起变更请求审批流程，并分配不同任务给不同角色。

5）基于变更请求创建变更通知。

6）发起变更通知审批流程，并分配不同任务给不同角色。

7）规划变更计划，并实施变更。

4.2　时间表管理

4.2.1　时间表管理简介

话题导入

　　一般来说，企业设计产品是团队协同工作的结果，团队的不同角色负责不同的任务，那么如何管控团队协同工作的进度，清晰记录其中涉及的人员、任务、时间及交付件就变得尤为重要。随着设计活动的复杂程度增加，就需要有效的方法或手段来管理。可以使用时间表管理器在团队中心规划和跟踪活动。

　　时间表管理器提供了最大的灵活性，可适应团队的工作风格，同时协调并发出访问计划，允许多人同时更新信息。尤其适用于几个人正在开发或维护其主日程的个别子任务时。

时间表管理器主界面如图 4-12 所示。

1）任务表：列出计划任务和里程碑。

2）甘特图：提供项目任务的可视化表示形式。

理解时间表管理器的重点是了解 Teamcenter 应用程序如何协同工作来提供项目计划、跟踪以及完成工作流程任务。其主要任务如下：

1）使用时间表管理器创建项目时间表。

2）时间表包含描述工作任务、时间限制和分配的资源。

3）在时间表的各个点，时间表协调员可以拍摄时间表的快照（基线）并添加里程碑。

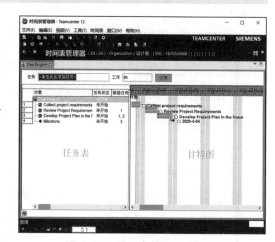

图 4-12　时间表管理器主界面

4）每个时间表都有一个关联的日历，可以跟踪每个用户的工作日（和小时）、假日和休假时段。

5）时间表中的任务可以与 Teamcenter 工作流程相关联。

4.2.2　创建时间表

创建时间表的一般流程是：创建时间表、添加成员到时间表、创建任务与里程碑、创建里程碑依赖与约束、分配任务。

首先登录用户要有相关权限。时间表的拥有者同时也是项目管理员，同时拥有 DBA 权限。进入“时间表管理器”透视图，选择“文件”→“新建”→“时间表”选项，创建时间表，如图 4-13 所示，输入“名称”等。“时间表 ID”可输入或系统指派，其他信息可选择输入。时间表属性可在创建时指定或在创建后编辑。创建完成后，默认时间表对象会存放在“Newstuff”目录下。

图 4-13 所示相关选项说明如下：

◎ 模板：指定该时间表是时间表模板。如果选择“是”，那么其他时间表可基于该模板创建。

◎ 已发布：时间表已发布，就允许其他能够访问该时间表。

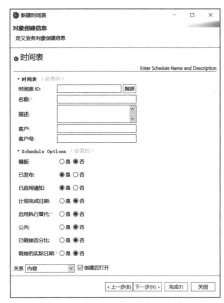

图 4-13　创建时间表

◎ 公共：公共时间表允许已发布的时间表拥有与时间表模板一样的访问权限。

◎ 已启用通知：当时间表内特定的触发器启动时，通知会发出。

◎ 已链接百分比：如果选择“是”，已完成的工作将与工作任务的百分比对应。

图 4-14 所示为时间表信息界面，相关选项说明如下：

◎ 将现有时间表模板用于该新时间表：可选项，选择该选项，“时间表模板”激活，下拉选择已有时间表模板，并设置合适的变动日期。不选择该选项，“时间表模板”与“变动日期”将不可用。

◎ 时区：包含默认的时区，可下拉选择。

◎ 开始日期/完成日期：设置时间表开始/完成日期，可指定日期、小时及分钟。注意所有任务与里程碑必须包含在开始日期与完成日期之间。可在时间表创建后编辑属性来修改开始及完成日期。

创建完成后，新建的时间表在“时间表管理器”透视图中的显示如图 4-15 所示。

图 4-14　时间表信息界面

图 4-15　时间表创建完成

4.2.3　创建任务与里程碑

　　可使用两种方式创建任务，选择"文件"→"新建"→"任务"选项，"新建任务"对话框如图 4-16 所示；或使用"任务"框，简要创建任务入口如图 4-17 所示。其区别是使用"任务"框时，只能输入任务名称及与任务对应的工作时间，其他信息需要通过编辑任务属性修改。注意，选择"任务"框方法时，必须单击"创建"按钮。

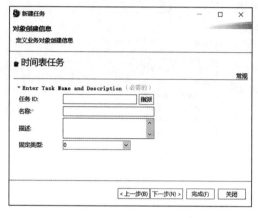

图 4-16　新建任务对话框　　　　　　　　　图 4-17　简要创建任务入口

　　创建结果如图 4-18 所示，用户可通过编辑任务属性修改相关信息，如图 4-19 所示。

图 4-18　任务创建完成　　　　　　　　　　图 4-19　修改任务属性

　　里程碑主要用来标识关键日期或交付件，可通过选择菜单或单击工具栏命令的方式创建里程碑。创建完成后，里程碑会以菱形标识显示，日期也设置为当前日期，如图 4-20 所示。注意，里程碑的工作时间为零。可以通过修改工作时间将已有任务转换为里程碑，反之亦可。

图 4-20　创建里程碑

4.2.4　链接任务

　　通过分配依赖项和约束将任务链接，并控制时间表更改对上下游的影响。其中依赖项控制了时间表中必须完成的任务顺序；为任务指定约束，以控制如何根据对任务工期、资源分配以及任务依赖项的更改调整时间表。

定义约束之前，必须为任务定义依赖项。前趋任务是指在所选任务或里程碑之前执行某些任务或里程碑。后续任务是指在所选任务或里程碑之后执行某些任务或里程碑。

可通过任务表或甘特图创建、编辑及删除依赖项。在任务表中通过指定任务的前趋任务与后续任务来确定当前任务的依赖项。数字对应任务的序号，如图 4-21 所示。在甘特图中通过拖拽的方式指定任务的依赖项。

图 4-21　链接任务显示

创建任务依赖项完成后，可创建任务约束，选择需要添加约束的任务，单击菜单"时间表"→"任务约束"来创建约束，任务约束选项如图 4-22 所示，功能如下：

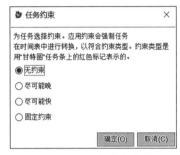

图 4-22　任务约束选项

- 无约束：甘特图中的任务无红色箭头
- 尽可能晚：当任务依赖项及其他时间表约束允许的情况下，尽量晚开始任务。甘特图中显示指向右的红色箭头
- 尽可能快：当任务依赖项及其他时间表约束允许的情况下，尽量早开始任务。甘特图中显示指向左的红色箭头
- 固定约束：任务时间固定，时间表日期不能被修改。甘特图中该任务有指向左右两侧的红色箭头。

任务约束创建完成的效果如图 4-23 所示。

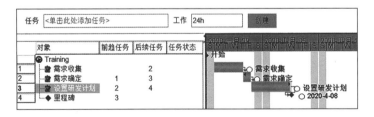

图 4-23　任务约束创建完成的效果

4.2.5　指派任务

指派任务的目的是指定特定的用户或资源完成特定任务。在指定任务之前，必须为时间表定义成员资格。可以指定时间表成员的用户执行该时间表中的任务；只能指定特定的用户或学科执行任务；当学科分配给任务时，该学科中的任何用户可以执行该任务。

选择需要指派人员的任务，右击选择"指派"→"指派到任务"选项，图 4-24 显示了指定特定的用户来完成指定任务的场景。设置完成后，选择"确定"按钮。注意，组织结构需提前构建，根据不同站点或企业实际来设置。

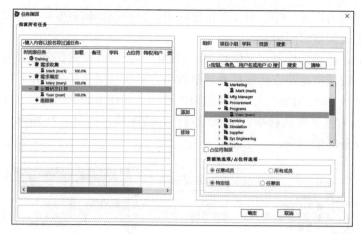

图 4-24 任务指派界面

4.2.6 创建交付件

交付件指为时间表定义的数据集，用来添加到任务或里程碑中。必须首先添加到时间表，才能被任务或里程碑指定。

在时间表管理器中打开某时间表，选择"时间表"→"时间表交付件"选项，为当前时间表指定交付件，如图 4-25 所示。"交付件"列为可选项，本例中选择的预先创建的数据集作为交付件。

任务交付件指为当前时间表中的任务或里程碑指定的交付件，该交付件是当前时间表已定义的交付件。选择需要指定交付件的任务或里程碑，选择"时间表"→"任务交付件"选项，下拉选择当前任务或里程碑对应的交付件，如图 4-26 所示。

图 4-25 创建时间表交付件

图 4-26 创建任务交付件

4.2.7 创建工作流程

当配置了工作流程与时间表集成后，可通过为任务创建工作流程的方式，将时间表任务与工作流程关联。工作流程任务被启动到完成一系列动作，作为整个时间表流程的一部分。基于"我的工作列表"中的收件箱，工作流程指派者指定参与者及完成工作流程，工作流程的状态会自动更新到时间表。

选择需要为时间表任务关联工作流程的某任务，右击选择"工作流程任务"选项来启动"工作流程规则配置"对话框，如图 4-27 所示。选择"工作流程触发器"与"工作流程模板"配置工作流程，具体规则根据业务规则确定。工作流程模板可定制。

通过设置任务表的列显示，显示工作流程相关的信息。当图 4-28 中"需求收集"的任务完成时，由于设置了工作流程触发器为完成前趋任务，系统会自动启动"需求确定"任务对应的工作流程"Requirement Signoff"。如果没有设置工作流程触发器，可手动启动流程。选择配置了工作流程模板的任务，选择"时间表"→"立即启动工作流程"选项，或右击选择"立即启动工作流程"选项，再选择"是"选项来启动工作流程。

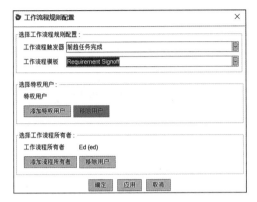

图 4-27　工作流程规则配置对话框

图 4-28　工作流程触发器设置效果

● 练习

创建时间表、创建任务、指派任务及完成任务。

4.3　分类管理

通常多数产品的开发都是基于原有产品所进行的衍生和改进而来，即使是全新的产品，也需要基于已有零组件或结构。Teamcenter 使用用户可以在一个数字仓库中对各种不同的产品定义数据进行管理，这些数据包括有关的设计元素（部件、子装配、装配）、文档、制造工具、制造模板、工作指令、公司策略、过程定义、标准表格和行业 / 政府法规的信息。通过分类管理使各公司可以在数字仓库中对以前创建的产品定义数据进行管理，然后，设计工程师可以将那些数据用于新的产品方案或持续的改进项目之中。制造工程师也可以在设计定案之前，利用这些功能对备件和替代件进行评估，通过为产品开发人员提供快速访问，以对设计进行验证和标准化。

使用 Teamcenter 进行分类管理有三个优点：

1）对企业产品数据（如标准件、技术资料、生产设备）分类管理。

2）有助于企业提高通用件、标准件的应用程度，提高标准化水平，降低成本。

3）节省时间（组件数据更易检索）。

图 4-29　分类管理样例

在 Teamcenter 中进行分类管理使用的是分类（Classification）和分类管理（Classification Admin）应用程序，通过分类层级来对产品数据进行管理，图 4-29 给出了一个分类管理样例。

分类管理（Classification Admin）应用程序需要管理员权限来进行配置，可以进行定义组

（group）、类（class）和视图（view），这些对象组成了分类层级。管理员还可以定义和格式化要与类相关联的属性，这些属性决定了要储存的产品信息的类型。分类管理（Classification Admin）应用程序最适合于创建新的层级结构，或者维护已经存在的层级。对于创建大型的分类结构，如果有已经存在的分类结构数据，则建议采用导入数据的方式去创建。

分类（Classification）应用程序主要是使用分类管理应用程序创建的分类层级对产品、零件、组件按照它们的特征进行分类。通过分类应用程序，用户可以对零件进行搜索，不受零件所在产品的位置的限制，这样可以对已经存在的零件的重用。

下面介绍使用分类管理（Classification Admin）应用程序和分类（Classification）应用程序，让读者对整个流程有一个简单清晰的了解。

4.3.1 使用分类管理（Classification Admin）应用程序

分类管理创建过程如下：

1）使用系统管理员登录服务器端，添加分类管理（Classification Admin）应用程序快捷方式到浏览面板下面，如图 4-30 所示。

2）分类管理添加后的结果如图 4-31 所示。

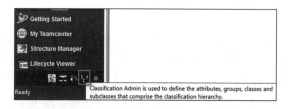

图 4-30　添加分类管理入口　　　　　　　　图 4-31　分类管理入口

3）启动后界面如图 4-32 所示。

4）在 Hierarchy（层级视图）标签页内，双击 "SAM Classification Root" 选项，可以看见 "Classification Root" 列表，右击选择 "Add Group" 选项，如图 4-33 所示。

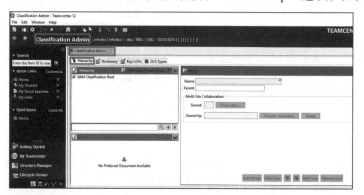

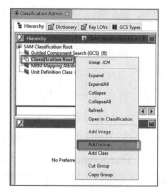

图 4-32　分类管理界面　　　　　　　　　　图 4-33　新建 Group

5）弹出"添加新组"（Group）对话框，输入需要的名称，或者单击"Assign"按钮，然后单击"OK"按钮，如图 4-34 所示。

6）单击"保存"按钮，如图 4-35 所示。

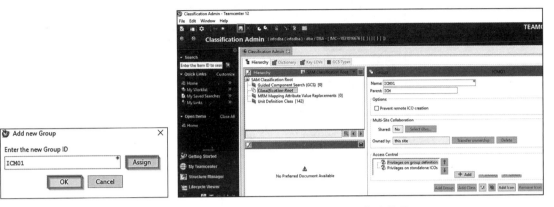

图 4-34　分配新 Group ID

图 4-35　保存结果

7）如果要进行修改，先打开编辑模式，单击菜单栏"Edit current Instance"（编辑当前进程）图标，如图 4-36 所示。

8）通过单击相应按钮，可以为当前组（Group）添加显示图片和图标，如图 4-37 所示。

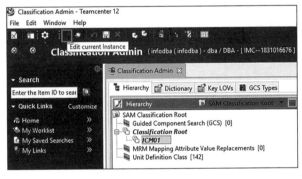

图 4-36　编辑模式

图 4-37　添加显示图片和图标

9）为新组添加显示图片，选择系统里面准备好的图片，如图 4-38 所示。

10）单击"Upload"（上传）按钮，查看效果，如图 4-39 所示。

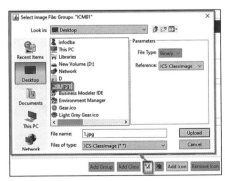

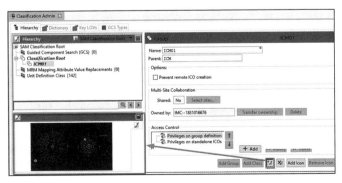

图 4-38　选择图片

图 4-39　上传显示图片

11）单击"Add Icon"（添加图标）按钮，打开添加图标对话框，选择预先准备的图标文件，如图 4-40 所示。

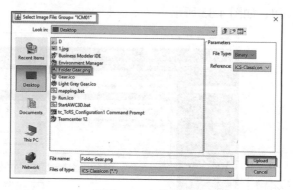

图 4-40　上传图标

12）保存修改，查看添加图标后效果，如图 4-41 所示。

13）选中新建的组"ICM01"，右击选择"Class"（添加类）选项。类分为 Abstract（虚类）和 Storage（实类）。虚类主要用于收集共有属性给下面的子类继承。而实类用于存储分类对象（ICOs-classification instances），ICOs 是 Teamcenter 对象在分类系统内的表示。这里首先创建虚类，按照图 4-42 和图 4-43 所示操作。

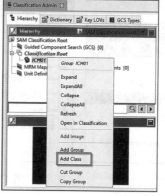

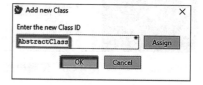

图 4-41　图标显示效果　　图 4-42　添加类　　图 4-43　类命名

14）系统弹出"Add New class"（新建类）对话框，如图 4-44 所示，选择默认单位"metric"（米），类型为"Abstract"（抽象型），单击"Add Icon"（添加图标），再单击"保存"，结果如图 4-45 所示。

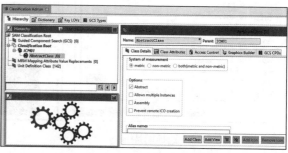

图 4-44　选择类型　　　　　　　　图 4-45　添加图标保存结果

15）单击"Dictionary"（属性字典）标签，创建当前类需要的共有属性，界面如图 4-46 所示。

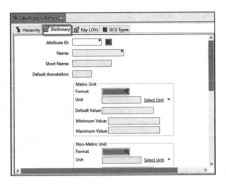

图 4-46　属性字典标签

16）创建属性菜单，如图 4-47 所示，然后输入属性 ID，如图 4-48 所示。

图 4-47　创建属性菜单

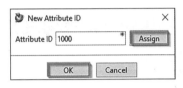

图 4-48　分配属性 ID

17）在"属性字典"标签内输入必要信息，最后保存，如图 4-49 所示。

图 4-49　属性创建保存

18）再创建两个属性，作为之后使用的两个实类属性，名称为"StorageAttribute1"和"StorageAttribute2"，缩写名称为"SA1"和"SA2"，如图 4-50 和图 4-51 所示。

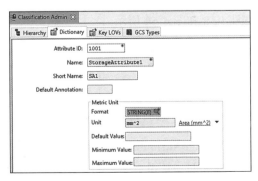

图 4-50　创建实类属性（一）

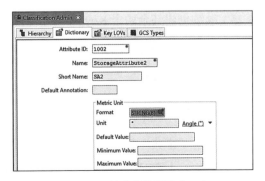

图 4-51　创建实类属性（二）

19）创建 Key LOVs 属性值，单击"Key LOVs"标签，如图 4-52 所示。

20）创建一个新实例按钮菜单，如图 4-53 所示。

图 4-52　Key LOVs 标签　　　　　　　　图 4-53　新建 Key LOV

21）系统要求输入负值，这里输入"–1000"，结果如图 4-54 所示。

22）选中要编辑的项目，输入名称为"CALOV1"，按 <Enter> 键，如图 4-55 所示。

图 4-54　配置 Key LOV ID　　　　　　　图 4-55　配置 Key LOV 名称

23）选中图中条目，继续编辑，如图 4-56 所示。

24）单击"Add Entry"（增加条目）按钮，再增加 2 条，分别输入值为"2：20""3：30"，然后保存，如图 4-57 所示。

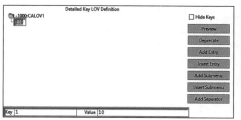

图 4-56　编辑 Key LOV

图 4-57　Key LOV 添加结果

25）继续创建其余两个 Key LOVs，创建结果如图 4-58 和图 4-59 所示。

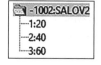

图 4-58　Key LOV1 创建结果　　　　　　图 4-59　Key LOV2 创建结果

26）单击"字典"标签，创建 CommonAttribute2、StorageAttribute3、StorageAttribute4，3 个属性分别在"Format"（格式）处选择 Key LOV 为 –1000、–1001、–1002，添加 Key LOV 的方法如图 4-60 所示。

三个属性创建结果如图 4-61 ~ 图 4-63 所示。

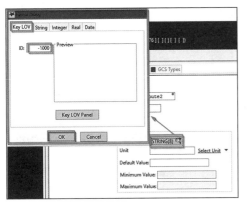

图 4-60　使用 Key LOV

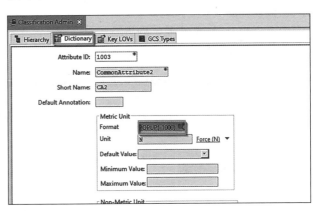

图 4-61　属性创建结果（一）

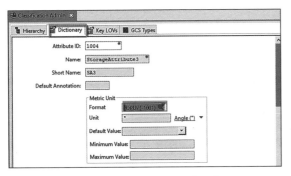

图 4-62　属性创建结果（二）

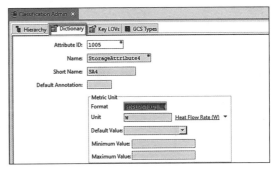

图 4-63　属性创建结果（三）

27）选中之前创建的"AbstractClass"对象，在"Class Attributes"标签下修改，如图 4-64 所示。

28）添加属性 1000、1001 到当前类里面，操作如图 4-65 所示，结果如图 4-66 所示。

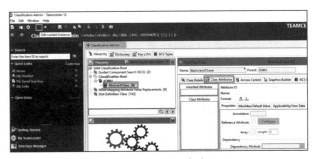

图 4-64　修改虚类

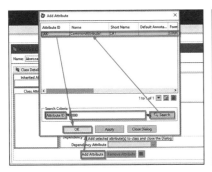

图 4-65　添加属性

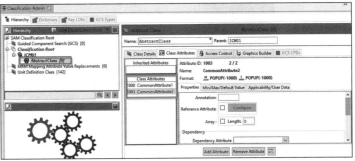

图 4-66　添加属性结果

29）对当前虚类通过右击以添加类，继续在其下面建立两个实类（需要取消虚类的默认选择），操作如图 4-67 所示。

30）保存后结果如图 4-68 所示。

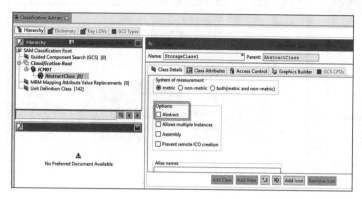

图 4-67　添加实类

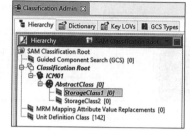

图 4-68　添加结果

31）继续选择两个新建的实类，分别给它们添加属性，结果如图 4-69 和图 4-70 所示。

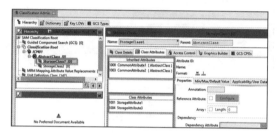

图 4-69　给实类添加属性（一）　　　　图 4-70　给实类添加属性（二）

32）简单配置好类之后，接着登录客户端，使用分类应用程序，对产品数据进行分类。打开"分类"应用程序，如图 4-71 所示，继续后面的操作。

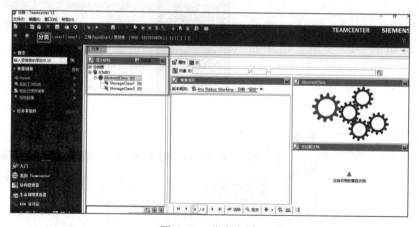

图 4-71　分类查看

4.3.2　使用分类（Classification）应用程序

1）双击"StorageClass1"，可以看见之前配置的属性，如图 4-72 所示。

2）双击"StorageClass2"，可以看见之前配置的属性，如图 4-73 所示。

图 4-72　查看配置属性（一）

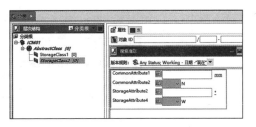

图 4-73　查看配置属性（二）

3）再次选中"StorageClass1"，然后切换到"我的 Teamcenter"，选中其中三个零组件复制到粘贴板，如图 4-74 所示。

4）再次切换到分类应用程序下面，选择菜单栏粘贴按钮，如图 4-75 所示。

图 4-74　复制到粘贴板

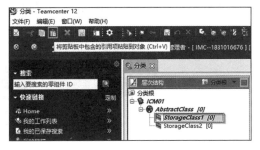

图 4-75　选择实类

5）依次进行粘贴，最终结果如图 4-76 所示。

6）同样将另外三个零组件 000150、000151、000152 也归类到"StorageClass2"里面，结果如图 4-77 所示。

图 4-76　粘贴结果

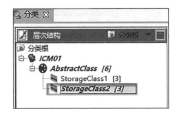

图 4-77　选择实类

7）下面对两个实类已分类好的零组件进行搜索，输入相应的属性值。首先对"StorageClass1"进行搜索，如图 4-78 所示，结果如图 4-79 所示。

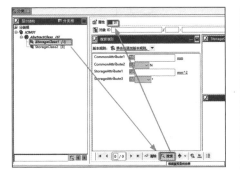

图 4-78　从属性搜索分类对象

图 4-79　搜索结果

8）双击每个零组件，进行属性编辑，如图 4-80 所示。

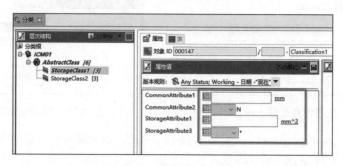

图 4-80　属性编辑（一）

9）编辑属性如图 4-81、图 4-82 和图 4-83 所示，然后进行保存。

图 4-81　编辑属性（一）

图 4-82　编辑属性（二）

图 4-83　编辑属性（三）

10）对于"StorageClass2"中另三个零组件同样进行分类属性的设置，如图 4-84、图 4-85 和图 4-86 所示。

图 4-84　编辑属性（四）

图 4-85　编辑属性（五）

图 4-86　编辑属性（六）

11）现在进行搜索，查看符合属性值已分类好的零组件，双击"AbstractClass"（虚类），输入查找值，如图 4-87 所示。

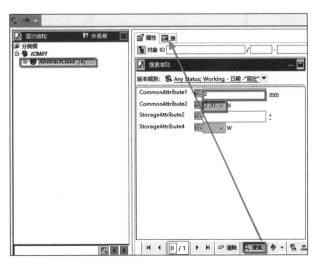

图 4-87　从属性搜索

147

12）切换到表视图，可以看见已搜索到零组件，如图 4-88 所示。

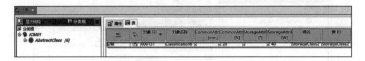

图 4-88　搜索结果

13）双击"000151"，可以查看所有分类管理属性值，如图 4-89 所示。

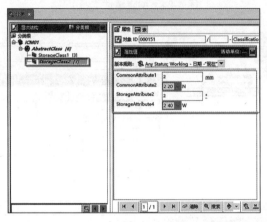

图 4-89　查看分类管理属性值

14）如果不想查看查询到的零组件，则单击"清除"按钮。如需通过其他应用程序打开当前零组件，可选中条目栏左边图标，单击右键弹出可调用程序列表发送到其他应用，如图 4-90 所示。

15）发送到"我的 Teamcenter"，查看结果，如图 4-91 所示，完成了整个分类管理的简单设置和使用流程。

图 4-90　发送到其他应用

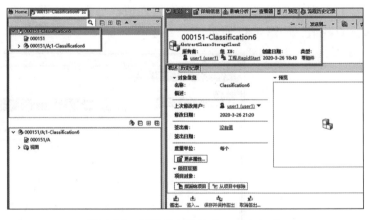

图 4-91　发送到"我的 Teamcenter"

● 练习

1）使用分类管理应用程序创建类，完成添加属性等基本任务。

2）使用分类应用程序将零组件添加到创建的存储类，并通过属性查找零组件。

第 5 章

软件集成

5.1 MCAD 集成

5.1.1 概述

MCAD（机械 CAD）的集成是 Teamcenter 的一个主要优势，也是与国内 PDM/PLM 系统的最大区别。由于西门子工业软件起步于三维 CAD，因此，在 PDM/PLM 中能够与三维 CAD 有很好的集成。

MCAD 的集成有两个关键点。第一个关键点是三维模型在 PDM 系统中的显示。在传统的 PDM 中采用三维 CAD 查看器来查看三维模型，会带来一些问题：

1）如果有多种三维 CAD，可能需要安装多个查看器，这影响客户端的安装效率。

2）如果采用通用的三维浏览器，例如 AutoVue，那么浏览器的硬盘占用空间会非常庞大。并且 AutoVue 的客户端不是免费软件，用户需要另外购买 AutoVue 许可证。

3）三维 CAD 的查看器通常与版本相关，当三维 CAD 升版后，查看器会失效。

4）如果一个装配由异构 CAD 的零件装配完成，传统的三维 CAD 查看器无法查看多 CAD 装配。

Teamcenter 采用了 JT 技术来实现对三维 CAD 模型的查看，其主要优势在于：

1）将三维 CAD 保存到 Teamcenter 系统时，同时保存一个轻量化的 JT 文件。该文件舍弃了复杂的建模信息，只保留最后的外形，其文档大小只有原始文档的几十分之一，这样客户端浏览三维模型的速度非常快。

2）JT 版本不会跟着 CAD 的版本更新，客户端只需安装一个 JT 查看器，不需要频繁更新。

3）所有的三维 CAD 文件都产生同样的 JT 文件，因此 JT 查看器可以做得非常轻巧。

4）客户端的 JT 查看器是免费的，没有版权问题，便于大量的用户使用。

MCAD 的第二个关键点是 BOM 映射。在三维 CAD 中存在装配结构，该结构必须能够被同步到 PDM/PLM 中。对于传统的 PDM 厂商，该功能要通过 CAD 的二次开发来实现，但只能够映射常用的装配结构，对于焊接件、管道、线缆等特殊装配就无能为力。由于西门子的 CAD 产品已经考虑了与 Teamcenter 的集成，而 Teamcenter 中的产品结构也可以方便地映射到 Solid Edge 和 NX 中，在 Teamcenter 中搭建产品结构，然后在三维 CAD 中进行详细设计，是为自顶向下（Top-Down）的设计的一种方式。

5.1.2　NX 的集成

当企业部署了 Teamcenter 管理平台后，设计工程师需要将设计数据集成到 Teamcenter 管理平台，由于设计师常用的是工具软件，如 NX 等，不熟悉 Teamcenter 相关操作，因此需要设计师能够在熟悉的工具软件界面内完成企业产品数据管理相关的任务。当 Teamcenter 集成了 NX 后，用户可以在 NX 界面环境下创建、储存并访问 Teamcenter 数据。

1. NX 集成安装

为了设置 NX 集成 Teamcenter 环境，要执行以下步骤：

1）在企业服务器上安装 "NXfoundation" 组件，如图 5-1 所示。

2）在客户端机器上安装 NX 软件。

3）将 NX 模板上载到数据库。

①在两层胖客户端，打开 Teamcenter 命令行窗口，输入：

```
%UGII_BASE_DIR%\ugii\templates\sample\tcin_template_setup.bat -u=<username>
-p=<password>
```

其他 NX 模板可根据类似方法导入。

②在四层胖客户端，设置如下环境变量：

```
UGII_UGMGR_COMMUNICATION=http
UGII_UGMGR_HTTP_URL=http://<host>:<port>/tc
UGII_BASE_DIR=<NX 安装路径 >
```

再通过以下命令行导入 NX 模板，其中模板的位置根据版本与对应模块不同而不同。

```
"%UGII_BASE_DIR%\ugii\ug_clone.exe" -pim=yes -u=infodba -p=infodba -o=import
-dir="%UGII_BASE_DIR%\ugii\templates" -default_a=overwrite -default_n=autotranslate
-aut=legacy -default_f=infodba:"NX Templates" -s=nxdm_template_import.clone"
```

4）在 Teamcenter 胖客户端，安装 "NX Rich Client Integration" 组件，如图 5-2 所示。

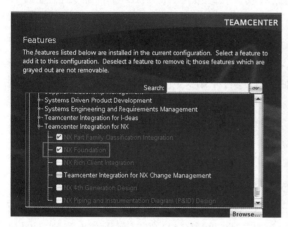

图 5-1　服务器端安装 NX 集成组件

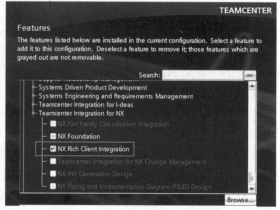

图 5-2　客户端安装 NX 集成组件

安装配置完成，启动 NX 集成环境，效果如图 5-3 所示。

另外，由于 AWC 是 Teamcenter 的 Web 客户端，所以 NX 与 Teamcenter 集成界面也包含 NX 与 AWC 的集成。配置好 AWC 与 NX 集成环境，效果如图 5-4 所示。

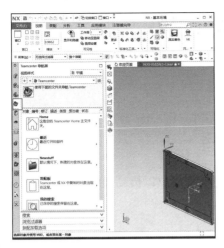

图 5-3 NX 集成环境

图 5-4 AWC 与 NX 集成环境

2. 创建新数据

创建新数据步骤如下：

1）选择"文件"主菜单→"新建"→"项"选项。

2）单击"模型"标签，选择单位为"毫米"或"英寸"，如图 5-5 所示。

3）选择对应单位下的模板名称。

4）在"名称"与"属性"组，输入 ID、版本以及名称，可双击自动填写。

5）选择"次要属性"选项，可新建不同类型的属性并单击"应用"按钮，如图 5-6 所示。

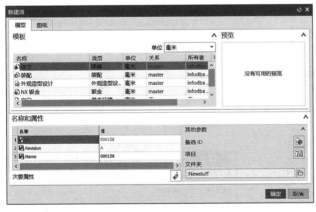

图 5-5 新建项界面

图 5-6 设置次要属性

6）单击"项目"选项，可将新建零件分配给项目。

7）单击"文件夹"选项，选择新建零件在 Teamcenter 中的存储文件夹。

8）单击"确定"按钮，完成创建新数据。

创建装配操作类似，不同的是选择装配模板，并为装配添加或创建组件，具体步骤参考 NX 建模操作。

创建图纸操作类似，不同的是选择图纸标签中的图纸模板创建图纸，图纸类型可为主模型图纸或非主模型图纸，具体细节参考 NX 制图操作。

练习

创建一个单位为毫米的模型，要求如下：存放在 Teamcenter 的 Home 文件夹的自定义文件夹"练习"下，创建次要属性，模型名称为"新零件"。

3. 修订数据

在产品全生命周期内，已有的设计数据可被修订或重用，以提高设计者的效率。在 NX 集成模式下，与修订数据相关的三类流程有以下三种：

（1）修订

1）执行搜索以查询到需要编辑的零部件版本。

2）将零部件加载到 NX 中。

3）编辑零部件，使用"另存为"命令创建新的版本，如图 5-7 所示。

（2）保存为新的项

1）执行"搜索"命令以查询到零部件版本，以便基于此创建新的零部件。

2）将零部件加载到 NX 中。

3）编辑零部件，使用"另存为"命令创建新的零部件，如图 5-8 所示。

图 5-7　修订版本　　　　　　　　　图 5-8　创建新项

（3）保存为非主模型部件

1）执行"搜索"命令以查询零部件版本。

2）选择零部件版本的图样（或其他非主模型）。

3）加载图样（或其他非主模型）到 NX 中。

4）编辑零部件，使用"另存非主模型部件"命令来创建新的数据集或新的零部件，如图 5-9 所示。

在 NX 集成环境下有两种方法打开模型，分为从胖客户端打开，如图 5-10 所示；以及从 AWC 打开，如图 5-11 所示。可通过搜索条件查找需要打开的零部件。

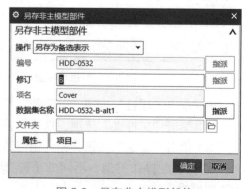

图 5-9　另存非主模型部件

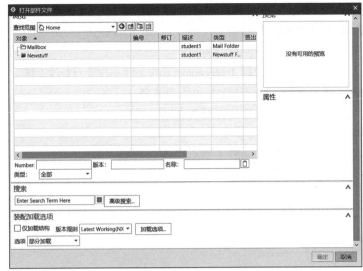

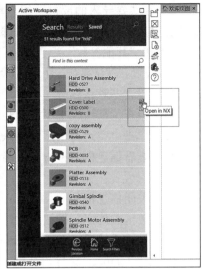

图 5-10　从胖客户端打开　　　　　　图 5-11　从 AWC 打开

○练习

打开某个零部件或其图样，保存为新的版本。

4. 导入导出数据

话题导入

　　如何将 Teamcenter 数据库中的设计模型导出到本地，供设计员离线工作，以及如何将本地的设计数据导入到 Teamcenter 数据库中，供团队协同进行线上线下工作。

　　NX 集成环境提供了数据导入导出的功能，可单击"文件"选项查看两个相关菜单：将装配导入 Teamcenter、从 Teamcenter 导出装配，如图 5-12 所示。

图 5-12　数据导入与导出

（1）将装配导入 Teamcenter

1）选择"文件"→"将装配导入 Teamcenter"选项。

2）在图 5-13 所示对话框中，选择"默认设置"组，选择项类型为"Item"。但在具体项目中，不建议将零组件保存为 Item 类型，建议使用自定义零组件类型。

3）选中"使用来自部件文件的类型"复选框。

4）在"名称与属性转换"栏设置中，选择"编号来源"为"操作系统文件名"。

5）选择"转换规则"为"作为 ID 和版本"。

6）将"查找组件"设置为"按照保存的"。

7）在"要导入的部件"组，单击"选择装配或部件"选项，从操作系统中选择需要导入的项，完成后显示在"要导入的部件的名称和属性"列表。

8）在"其他参数"组，设置"默认参数"为"现有部件操作"。

9）设置"默认参数"下的"默认目标文件夹"，选择 Teamcenter 下的文件夹作为目标文件夹。

10）设置"默认参数"下的"输出日志文件"，指定日志文件全路径。

11）检查"默认属主用户"与"默认属主组"项目是否设置正确。

12）单击"空运行"启动导入模拟。

13）查看信息框，检查导入参数是否设置正确，如导入类型、命名规则、导入部件以及导入位置等。

14）关闭信息框。

15）单击"确定"按钮启动导入。

16）导入成功后，在 Teamcenter 对应用户的对应目标文件夹下查看导入结果。

（2）从 Teamcenter 导出装配

1）选择"文件"→"从 Teamcenter 导出装配"选项。

2）在"导出装配"对话框中，如图 5-14 所示，单击"主要"标签中的"添加装配"按钮（或者"添加部件"按钮）。

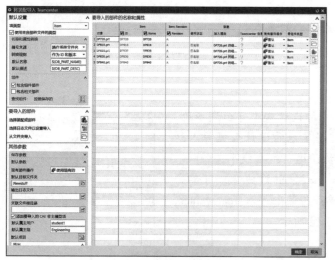

图 5-13　装配数据导入

图 5-14　装配数据导出

3）在"添加装配到导出操作"对话框，选择需要导出的装配版本，如图 5-15 所示。

4）在"导出装配"对话框中，单击"命名"标签，如图 5-16 所示，设置"导出名称"为"自动装换"。

5）在"默认输出目录"中，选择导出文件到本地的目录，可浏览本地路径。

6）勾选"主要"标签中"空运行"复选框。

7）单击"执行"按钮。

8）检查信息框中的参数是否正确，如输出类型、命名规则、输出部件及导出位置等。

9）关闭信息框，并取消勾选"空运行"复选框。

10）单击"执行"按钮来执行导出操作。

11）检查本地是否有导出零件，在本地打开 NX 来确定是否模型导出成功。

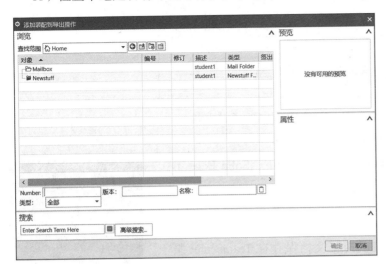

图 5-15 选择需要导出的装配版本　　　　图 5-16 数据导出命名设置

● 练习

1）将本地装配导入到当前登录用户的"Home"文件夹下，其他设置不限。

2）搜索某个装配，将其导出到本地，并在本地用 NX 打开并查看。

5.1.3 Solid Edge 集成

1. 概述

Solid Edge 与 Teamcenter 都是西门子工业软件的产品，Teamcenter 是 Solid Edge 首选的

PDM 平台。在 Solid Edge 产品开发时，已经考虑了与 Teamcenter 的集成。在安装 Solid Edge 时，不管用户是否使用 Teamcenter，Solid Edge 中已经内置了与 Teamcenter 的集成接口。Solid Edge 与 Teamcenter 的集成接口一般简称为 SEEC（Solid Edge Embedded Client）。

2. 服务器端的安装

在 Teamcenter 服务器上，运行"环境管理器"（TEM，Environment Manager）程序，添加"Teamcenter Integration for Solid Edge"特征（Feature），如图 5-17 和图 5-18 所示。

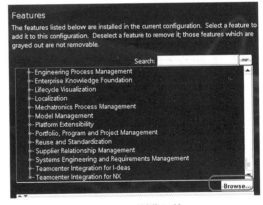

图 5-17 浏览组件

3. 设置 Solid Edge 与 AWC 的集成

通过修改首选项"ActiveWorkspace-Hosting.SEEC.URL"，可以设置在 Solid Edge 界面中显示 AWC 的 Web 界面，如图 5-19 所示。

图 5-18 勾选 SEEC 组件添加特征（Feature）

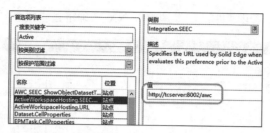

图 5-19　AWC 与 SEEC 的集成设置

4. Solid Edge 客户端的设置

在工作站已经安装 Teamcenter 客户端的情况下，Solid Edge 不需要安装与 Teamcenter 集成的客户端。

在客户端"开始"菜单的 Solid Edge 程序组中，运行"选择 PDM 集成"应用程序，如图 5-20 所示。

选择"SEEC"选项，将 Solid Edge 文档保存在 Teamcenter 服务器上，而不是保存在工作站的硬盘上，如图 5-21 所示。

在"Teamcenter 环境"中，定义 Teamcenter 的路径，如图 5-22 所示，设置 Solid Edge 直接访问 Teamcenter。

图 5-20　选择 PDM 集成

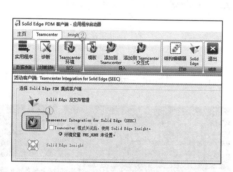

图 5-21　定义 SEEC 环境

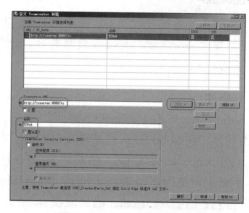

图 5-22　定义 SEEC 环境

5. 上传 Solid Edge 的模板

Solid Edge 模板在 Teamcenter 中集中管理。管理员使用"SolidEdgePDM 客户端"应用程序，将工作站上的模板上传到服务器，如图 5-23 所示，供用户使用。Solid Edge 模板集中存放在 infodba 的 Home 文件，如图 5-24 所示。

图 5-23　上传 Solid Edge 模板

图 5-24　Solid Edge 模板在 Teamcenter 中的位置

6. Solid Edge 客户端的使用

启动 Solid Edge，单击主界面的"单击此处登录"图标，Solid Edge 弹出 Teamcenter 登录窗口，直接输入 Teamcenter 账号登录，如图 5-25 所示。

单击 Solid Edge 中的"打开"命令，直接访问 Teamcenter 中的文件夹，如图 5-26 所示。

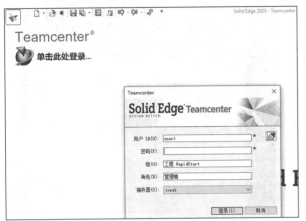

图 5-25　SEEC 登录界面

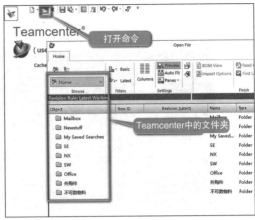

图 5-26　从 Solid Edge 访问 Teamcenter 中的数据

在 Solid Edge 装配中使用保存在 Teamcenter 中的零件，如图 5-27 所示。

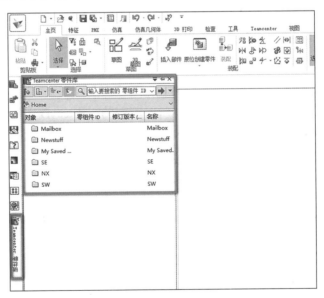

图 5-27　在装配中使用保存在 Teamcenter 中的零件

在 Solid Edge 的 Teamcenter 菜单中，对 Teamcenter 的零组件可以进行修订、另存等操作，如图 5-28 所示。

图 5-28　Solid Edge 中的 Teamcenter 菜单

在 Solid Edge 中内嵌了 Active Workspace 的界面，用户可以在 Solid Edge 中执行一些 Teamcenter 中的操作，例如查看属性或者参与审批，如图 5-29 所示。用户也可以在 Active Workspace 中选中一个零组件版本，并在 Solid Edge 中打开，如图 5-30 所示。

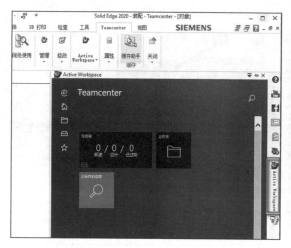

图 5-29 Solid Edge 中的 AWC

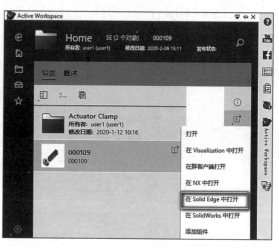

图 5-30 从 AWC 中打开 Solid Edge 数据

● 练习

创建一个 Solid Edge 模型，并保存到 Teamcenter 系统。

5.1.4 异构软件的混合装配

1. 概述

在 Teamcenter 中，由于采用了 JT 技术，所以不同的三维 CAD 文件在 Teamcenter 中都能被保存为单一的 JT 文件。而 Solid Edge 和 NX 支持以 JT 文件作为零件进行装配，为此 Solid Edge 和 NX 就有了异构装配的能力。例如在 Solid Edge 装配下使用 SolidWorks 零件作为装配子零件，当 SolidWorks 零件升版后，Solid Edge 装配自动更新。

2. Solid Edge 的多 CAD 装配

在 Teamcenter 服务器上，管理员修改首选项 "SEEC_Foreign_Datasets" 为 TRUE，如图 5-31 所示。

在客户端 Solid Edge 的选项中取消勾选 "将 Solid Edge 数据集保存至每个配置的版本，作为从动参考"，如图 5-32 所示。

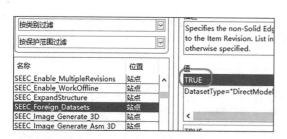

图 5-31 SEEC 外部数据首选项

图 5-32 保留外部数据设置

至此，所有的 CAD 模型都是由原始的创建程序修改，源文档被保留，不会转变为 Solid Edge 格式。

在 Solid Edge 装配环境下的 Teamcenter 零件库面板中，勾选"JT 文档"和"不带 Solid Edge 文档的项"，如图 5-33 所示。勾选"JT 文档"，使 Solid Edge 装配方便地使用来自于异构 CAD 的 JT 模型。勾选"不带 Solid Edge 文档的项"，使 Solid Edge 可以装配不带三维模型的项，例如产品中附带说明书，格式为 PDF，如图 5-34 所示。

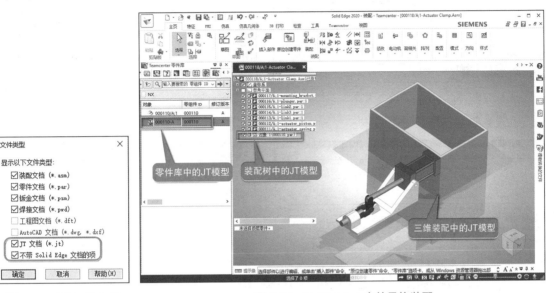

图 5-33　显示 JT 文档　　　　　　　图 5-34　Solid Edge 中的异构装配

在 Teamcenter 的"结构管理器"中，不同来源的零件在产品结构中协同工作，如图 5-35 所示。

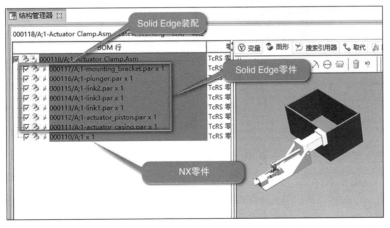

图 5-35　Teamcenter 中的异构装配

3. NX 的多 CAD 装配

在 Teamcenter 的首选项中，首先确保首选项"TC_NX_Foreign_Datasets"中包含 JT 文件对应的数据集类型"DirectModel"，并且在第一位，如图 5-36 所示。

在 NX 装配环境中，如果不存在类型为"ugmaster"的数据集，可直接使用类型为

"DirectModel"的 JT 数据集作为零件。在 NX 装配环境下"用户默认设置"中"Teamcenter 集成"子节点，对于"另存非主模型部件对话框"的选项，如图 5-37 所示，选择"不保存非主模型"。这样 NX 就不会将其他 CAD 格式的模型转化为 NX 模型，从而保留异构装配，如图 5-38 所示。对应结果在 Teamcenter 的"结构管理器"中显示，如图 5-39 所示。

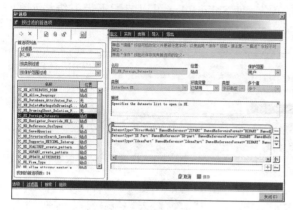

图 5-36　NX 的异构装配首选项

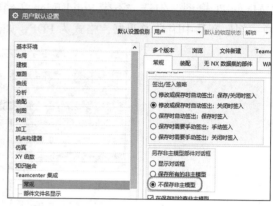

图 5-37　在 NX 中保留异构模型

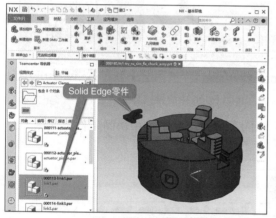

图 5-38　NX 中的异构装配

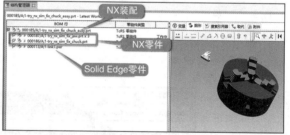

图 5-39　Teamcenter 中的 NX 异构装配

● 练习

在 Teamcenter 系统中设计一个包含 NX 零件的 Solid Edge 混合装配。

5.1.5　自顶向下的设计

1. 概述

在传统的三维设计中，一般先有零件，再对零件进行装配，进而成为产品。但在实际工作中，也需要先有产品，再对产品进行拆分，最后进行详细设计，这就是"自顶向下"的设计流程。

在 Teamcenter 的结构管理器（PSE）中，可以很方便地搭建产品结构，但如何将 Teamcenter 中的产品结构变为 CAD 中的装配结构，就需要 PDM 系统与 CAD 软件集成工作来完成。

2.Solid Edge 的自顶向下设计

修改 Teamcenter 的首选项 "SEEC_BOM_Synchro-
nize" 为 TRUE, 如图 5-40 所示, 从而实现 Teamcenter
与 Solid Edge 之间的双向 BOM 同步。否则系统只支持
Solid Edge 的装配结构单向传递给 Teamcenter 的结构管
理器 (PSE), 而不能实现 "自顶向下" 的设计。

1) 在 Teamcenter 的结构管理器 (PSE) 中创建一
个不含三维模型的装配结构, 如图 5-41 所示。

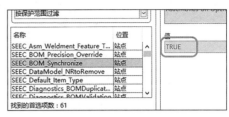

图 5-40　BOM 同步首选项

2) 在 Solid Edge 中打开该装配结构。注意: 在 "过滤器选项" 中选择 "不带 Solid Edge
文档的项", 如图 5-42 所示。

图 5-41　结构管理器　　　　　　　　　　　　图 5-42　选择空零件

3) 然后选择装配模板, 并在图 5-43 所示对话框中单击 "是 (Y)" 按钮, 确保同步
更改。

至此, 在 Solid Edge 装配环境中包含了无三维模型且在 Teamcenter 中创建的零件, 如
图 5-44 所示。

图 5-43　结构同步

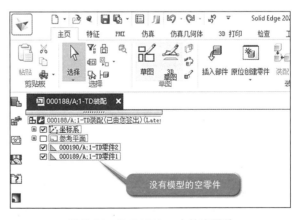

没有模型的空零件

图 5-44　Solid Edge 中的空零件

4) 工程师通过 Solid Edge 中的 "发布虚拟" 命令将其变为真实零件, 如图 5-45 所示。

图 5-45 发布虚拟零组件

3. NX 的自顶向下设计

在 NX 中无需进行额外设置的情况下，可以直接打开 Teamcenter 中创建的零组件。在打开时指定 NX 模板，打开空装配文件，如图 5-46 所示。

在 NX 中打开空零件时，如果不指定空零件的模板，零件会以灰色显示，不可编辑，如图 5-47 所示。

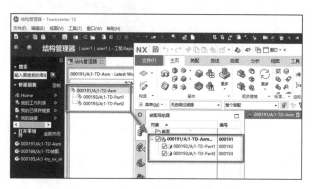

图 5-46 在 NX 中打开空装配文件

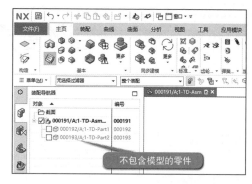

图 5-47 NX 中的空零件

○ 练习

1）在 TC 中搭建一个产品结构。

2）在 Solid Edge 或者 NX 中将它变为包含三维模型的装配。

5.2 Office 集成

5.2.1 概述

任何一种 PLM/PDM 或者图文档管理系统都有管理 Office 文件的能力，并且 Teamcenter 对于 Office 的集成管理有其特色。

5.2.2 封装式管理

在 Teamcenter 中默认设置了 Office 的数据集，管理的文件类型见表 5-1。

表 5-1　管理文件类型

	数据集类型	文件类型
Word	MSWord	*.doc
	MSWordTemplate	*.dot
	MSWordTemplateX	*.docx
	MSWordX	*.docx; *.docm
Excel	MSExcel	*.xls
	MSExcelTemplate	*.xlt
	MSExcelTemplateX	*.xltx
	MSExcelX	*.xlsx; *.xlsm
PowerPoint	MSPowerPoint	*.ppt
	MSPowerPointTemplate	*.pot
	MSPowerPointTemplateX	*.potx
	MSPowerPointX	*.pptx
Project	MSProject	*.mpp; *.mpx;*.mpd;*.mpt
Outlook	Outlook	*.msg

　　表格中的文件类型已包含在 Teamcenter 的基础安装文件中，无需进行其他设置。其他 Office 文件类型需要手工配置，例如 Visio 文件。

　　在 Teamcenter 中，Office 文档以数据集的形式存在，如图 5-48 所示。

图 5-48　Word 数据集

　　在 Teamcenter 的零组件版本下面新建数据集，如图 5-49 所示。双击数据集从而对数据集进行编辑。

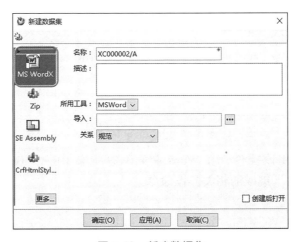

图 5-49　新建数据集

通过封装式管理 Office 数据，所有的 Teamcenter 操作，如升版、另存、流程操作等在 Teamcenter 客户端中进行。

5.2.3 Office 集成的安装

如果已完成 Office 集成的安装，用户可以在不用启动 Teamcenter 客户端的前提下直接在 Office 环境下工作，完成大部分的文档新建、编辑、修订版本、发起流程、审批等工作。

安装 Teamcenter 的 Office 客户端，首先需要在客户端安装 Office。由于使用 Teamcenter 集成，所以还需要安装 Office 的 Microsoft .NET Programmability Support 组件（该组件在 Office 中实现开发功能）。最后在客户机上安装 Teamcenter 的四层客户端与组件 "Teamcenter Client for Office"，如图 5-50

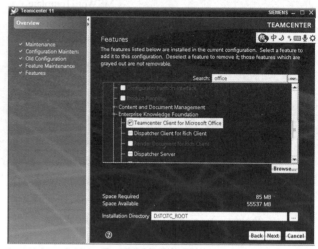

图 5-50 Office 客户端组件

所示。Teamcenter 的服务器端不需要做其他设置。

5.2.4 Office 集成的菜单

Office 集成支持四个 Office 组件，分别是 Word、Excel、PowerPoint 和 Outlook。集成安装成功后，在 Office 程序的 COM 加载项中会新增一个 "Teamcenter Word Add-In"，如图 5-51 所示，不同的组件对应加载项名称不同，如 Word 对应的加载项的名称为 "Teamcenter Word Add-In"。

图 5-51 Teamcenter 插件

以 Word 为例，启用该插件，在 Word 主菜单中新增了一个 Teamcenter 的菜单页，如图 5-52 所示，其中包含了集成的相关操作命令。

图 5-52　Word 中的 Office 菜单

5.2.5　Office 集成的操作

用户从 Office 软件直接登录 Teamcenter，如图 5-53 所示。在 Office 集成环境中，用户可以新建 Teamcenter 的文件夹、零组件，也可以将 Office 文件作为数据集存放到零组件版本下。图 5-54 所示是在 Word 的 Teamcenter 集成环境下，打开 Teamcenter 中数据集的对话框。

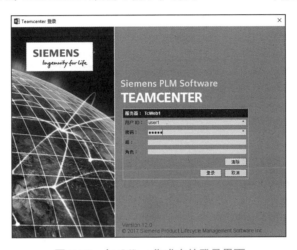

图 5-53　与 Office 集成中的登录界面

在 Office 的"导览 - 文件夹视图"中，用户通过右击执行 Teamcenter 的相关操作，如图 5-55 所示。

图 5-54　在 Office 中打开 Teamcenter 中的数据集　　　图 5-55　在 Office 中执行 Teamcenter 操作

5.2.6　Outlook 集成

在 Outlook 中可以显示 Teamcenter 的工作列表，从而方便用户明确需要处理的任务，如图 5-56 所示。

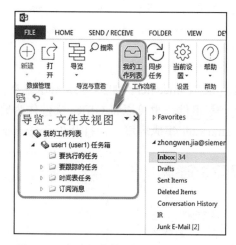

图 5-56　Office 中的 Teamcenter 任务箱

● 练习

在 Word 集成 Teamcenter 环境下创建一个 Word 文件，并保存到 Teamcenter 系统中。

5.3　属性映射

5.3.1　概述

在文档中包含众多的属性，例如三维模型文件中包含材料、重量等属性。通常情况下，这些属性可能只有在打开文档的情况下才能查看，这对在 Teamcenter 中查找零件、产生 BOM 表是非常不方便的。

在 Teamcenter 中，管理员通过在零组件版本（Item Revision）或者在零组件版本的主属性表（Item Revision Master）上设置属性，从而更方便地查看和搜索属性。

如何将文档的属性自动映射到 Teamcenter 的属性，这一过程称为"属性映射"。属性映射通常由管理员 infodba 在 Teamcenter 服务器上操作来实现。

5.3.2　导出属性映射文件

在 Teamcenter 服务器上运行 Teamcenter 程序组下的 DOS 命令，如图 5-57 所示，该命令常常也称为 TCDOS。

在 DOS 窗口中，运行以下的命令，界面如图 5-58 所示。该命令将已有的属性映射导出为"c:\temp\default_attr_mappings.txt"文件。

```
export_attr_mappings -file=c:\temp\default_attr_mappings.txt  -u=infodba -p=infodba
-g=dba
```

图 5-57　TCDOS 命令

图 5-58　导出属性映射

5.3.3　属性映射的格式

打开上述导出的文件，可以看到映射的语法结构和已有的映射。

下面以 Solid Edge 模型的材料、重量映射来讲述属性映射，如图 5-59 所示。

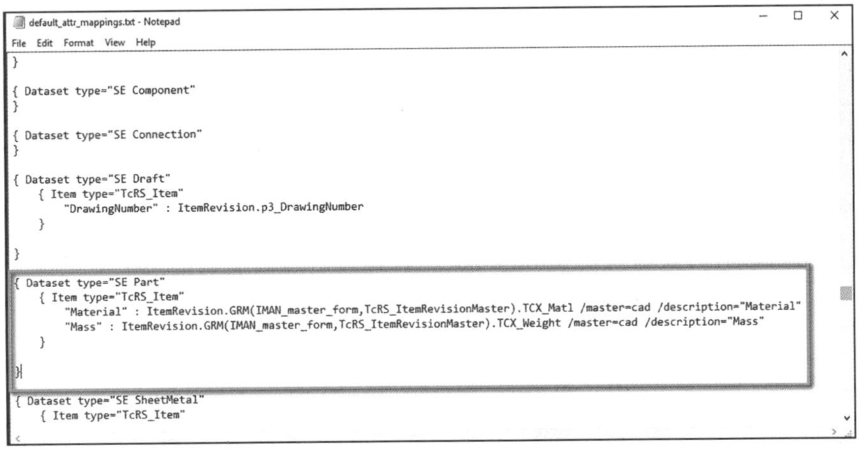

图 5-59　属性映射

```
 { Dataset type="SE Part"
     { Item type="TcRS_Item"
      "Material" : ItemRevision.GRM(IMAN_master_form,TcRS_ItemRevisionMaster).TCX_Matl /
master=cad /description="Material"
       "Mass" : ItemRevision.GRM(IMAN_master_form,TcRS_ItemRevisionMaster).TCX_Weight /
master=cad /description="Mass"
     }
 }
```

在映射文件中，最外层的 Dataset type="SE Part" 表示对 "SE Part" 数据集的属性进行映射。Item type="TcRS_Item" 表示仅对于零组件类型为 "TcRS_Item" 下的数据集进行映射。

"Material" 是 Solid Edge 模型文件的材料属性。

ItemRevision.GRM (IMAN_master_form,TcRS_ItemRevisionMaster) 表示映射到 Teamcenter 系统中版本的主属性表。

TCX_Matl 是 TCRS 在版本主属性表中材料属性内部名称。

/master=cad 表示这是一个单向映射，以 CAD 为主，表示如果 CAD 的材料属性发生变化，Teamcenter 中的属性跟着变化。如果 /master=pdm 表示属性从 Teamcenter 单向映射到数据集文件，/master=both 表示双向映射。

/description="Material" 是该映射的描述。用户可以编辑该文本文件，从而添加自定义的属性映射。注意属性映射只支持英文，请勿将属性名称设置成汉字。

如果需要将 Solid Edge 图纸的图号属性映射到 Teamcenter 版本的图号属性，属性映射文本如下：

```
{ Dataset type="SE Draft"
  { Item type="TcRS_Item"
    "DrawingNumber" : ItemRevision.p3_DrawingNumber
  }
}
```

其中 "DrawingNumber" 是 Solid Edge 图纸文件中的自定义图号属性，p3_DrawingNumber 是 Teamcenter 版本中自定义的图号属性在 BMIDE 中的内部名称。

5.3.4 导入属性映射

管理员在 TCDOS 中使用以下类似语句导入属性映射。

```
import_attr_mappings -file=c:\temp\new_attr_mappings.txt  -u=infodba -p=infodba -g=dba
```

其中 "c:\temp\new_attr_mappings.txt" 是属性映射文木文件。

5.3.5 映射的效果

下面查看材料映射的效果。在 Solid Edge 中设置材料为"不锈钢 304"，如图 5-60 所示。

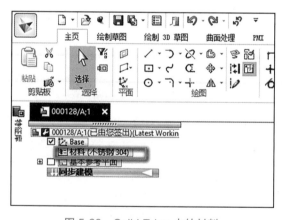

图 5-60　Solid Edge 中的材料

通过前一节的属性映射导入操作后，在 Teamcenter 的版本主属性表中，也可以看到材料属性是"不锈钢 304"，这说明材料属性在 Solid Edge 与 Teamcenter 中已完全一致，如图 5-61 所示。

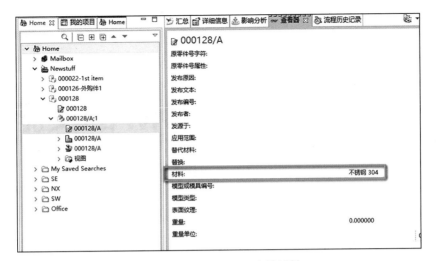

图 5-61　Teamcenter 中的材料

● 练习

创建一个自定义的属性映射。

第 6 章

PDM 的实施方法

6.1 快速启动 Teamcenter

6.1.1 概述

实施 Teamcenter 最简单的方法是使用预配置的 Teamcenter 系统，即 Teamcenter Rapid Start（TCRS）。

TCRS 预配置了最常用的 PDM 功能，包括常用的属性（材料、重量），常用的流程（设计审批、量产审批），常用的状态（设计完成、量产、作废），以及最常用的度量单位（米、升等）。

TCRS 预配置了企业的部门和角色。部门包括工程部、管理部和制造部，角色包括设计师、审核者和管理者。在 TCRS 中，为不同的角色预配置了不同的权限，如图 6-1 所示。

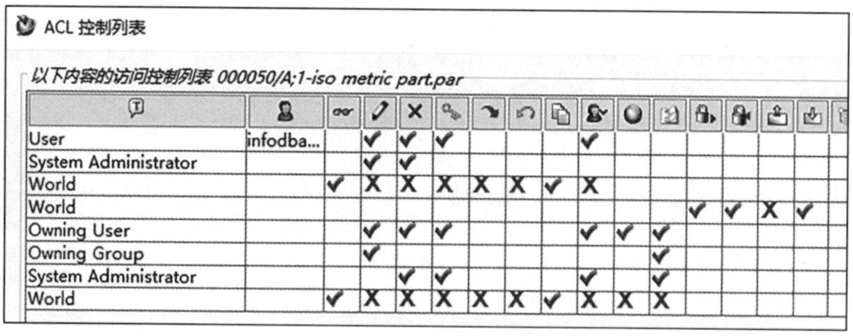

图 6-1　默认的权限控制

TCRS 通常以虚拟机的方式部署，在虚拟机中预先安装了 Active Workspace 服务，并在虚拟机中预先安装了 NX、Solid Edge 以及 SolidWorks 的集成接口。只要将虚拟机复制到用户的服务器上，更换许可证和 IP 地址后，服务器端就部署完成，用户只需要配置客户端。TCRS 是目前最快的 Teamcenter 部署方式。

在 TCRS 中预配置了简单的变更管理功能，不需要单独购买变更模块。TCRS 可以在几周内完成部署，其主要工作是用户和管理员培训。

6.1.2　TCRS 的推荐设置

TCRS 是一个预配置的 Teamcenter 系统，所以 TCRS 与标准的 Teamcenter 不同，表 6-1 列举了 TCRS 与 Teamcenter 在安装方面的一些常见区别。

表 6-1　TCRS 和 Teamcenter 安装常见区别

	TCRS	Teamcenter
服务器	虚拟机	物理机
操作系统	Windows Server	Windows、Unix 或 Linux
数据库	MS SQL	Oracle 或 SQL
Web 层	IIS	Java EE（JBoss、Weblogic）或 IIS
系统架构	四层架构	两层和四层架构
字符集	UTF-8	按照用户需求选择

6.1.3　TCRS 切换到标准 Teamcenter

由于在 TCRS 中隐藏了部分菜单，因此无法在 TCRS 环境下安装许多 Teamcenter 的模块，管理员需要将 TCRS 切换为标准 Teamcenter 后才能添加模块。

切换之前需先对 Teamcenter 服务器进行备份，如果 TCRS 部署在虚拟机上可以先创建快照。备份完毕，再运行服务器上的 TEM.bat 文件，如图 6-2 所示。输入 infodba 的密码，勾选启用完整的 Teamcenter 菜单选项，如图 6-3 所示。迁移到标准 Teamcenter 后，会保留所有 TCRS 的预配置功能。

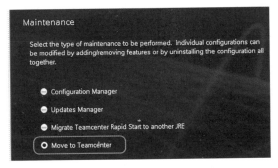

图 6-2　从 TCRS 切换到标准 Teamcenter

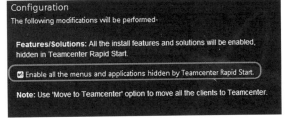

图 6-3　启用完整的 Teamcenter 菜单

6.2　Teamcenter 个性化定制实施方法

TCRS 可以快速部署，这解决了大部分企业的产品数据管理需求。但是，每个企业都会有个性化的需求。例如，有的企业需要定制标准件库，有的企业需要特别的流程，有的企业需要管理三维工艺，有的企业需要与特定 ERP 系统的集成。这些需求可以通过不同的方法来实现。例如，增加零组件类型和属性可以通过 BMIDE 的配置来实现，标准件库的管理和三维工艺可以通过增加 Teamcenter 的组件来实现。而实现与 ERP 的接口或者产生特定的报表就需要 Teamcenter 的二次开发来实现。

Teamcenter 项目通常要分几期进行，多期实施应该遵循"总体规划、分步实施"的原则。建议用户第一期采用 Teamcenter 的快速实施方法，在对 Teamcenter 系统有充分了解的基础上，再进行二次的个性化定制。这样用户才能够提出更准确的功能需求，配置与开发的结构才更有可能与用户预想的结果一致。

在实现客户的需求之前，需要先对客户需求进行调研，而后再进行配置与开发。总体来说，每一期的个性化 Teamcenter 的实施方法分为下面几个阶段：项目启动、系统分析、系统设计、系统实现、系统测试、验收推广、项目总结阶段，如图 6-4 所示。

图 6-4　Teamcenter 实施阶段

1）项目启动阶段：成立包含用户方和实施方的项目小组并召开启动会议，形成周例会报告制度。

2）系统分析阶段：收集用户的需求并评估，形成需求分析报告。

3）系统设计阶段：将用户的需求变换为 Teamcenter 的功能点，并形成 Teamcenter 的设计文档并进行评审。

4）系统实现阶段：进行系统的安装、配置与开发。

5）系统测试阶段：进行多次、反复的系统测试，并形成用户操作手册。

6）验收推广阶段：获得用户的认可，进行数据的迁移，并进行用户培训。

7）项目总结阶段：对项目资料进行归档汇总，并明确后续改进方向。

6.3　Teamcenter 的安装

6.3.1　概述

本章节简略描述了 Teamcenter 的安装过程，详细的安装方法请参考 Teamcenter 帮助文档。

6.3.2　服务器端

1. 操作系统

Teamcenter Server 支持下列操作系统，见表 6-2。建议使用大家都熟悉的 Windows Server 来学习。

表 6-2　Teamcenter Server 支持的操作系统

大类	软件名称	公司	收费情况
Linux	**Red Hat Linux**	Red Hat	收费
	SUSE Linux	SUSE	收费
	CentOS	Red Hat	免费
Unix	**Solaris**	Oracle	免费（不支持 x86 平台）
Windows	**Windows Server**	Microsoft	收费

针对 Teamcenter12，建议使用 Windows Server 2016 的标准版或者数据中心版。通常标准版已达到使用标准。

安装 Teamcenter 时，中文的安装界面、驱动器卷名都会对 Teamcenter 的安装、使用造成问题，为了避免上述问题，建议安装英文版的操作系统。如果需要在本地化字段中输入中文，可以安装 Windows 的多国语言包，或者第三方的中文输入法。

在 Teamcenter 的四层架构中，需要用到 Web 层。在 Windows Server 中，内置了 Web Server

(IIS)。建议直接安装 IIS 作为 Teamcenter 的 Web 层管理工具。

2. 数据库

Teamcenter12 只支持两种数据库：Oracle 和 Microsoft SQL Server。安装时需要二选一。

如果 Teamcenter 使用四层架构，用户只需要购买一个数据库许可证。如果 Teamcenter 使用两层架构，则需要给每个客户配置数据库的访问许可。

3. JAVA 平台

Teamcenter 是一个跨平台的软件，为了在不同的平台上有类似的界面，Teamcenter 采用 JAVA 作为基础平台。Teamcenter 对 JAVA 的需求是 1.8 Update 131 以上。但是由于 JAVA 的最新版本使用需要收费，所以建议使用 JAVA 的一个免费版本 8u201。

JAVA 有两种不同的安装包：jdk 和 jre。jdk 用于开发，jre 是最终用户使用的运行环境。在 Teamcenter 服务器上一般需要安装 BMIDE 以及 Active Workspace 组件，二者安装之前需要安装 jdk，所以需要在服务器上安装 jdk。JAVA 安装完成后，还需要在服务器的环境变量中指定 JAVA 的路径，这样 Teamcenter 才能找到 JAVA，如图 6-5 所示。

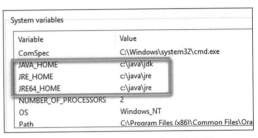

图 6-5　与 JAVA 相关的系统变量

4. TEM 安装

大多数 Windows 软件的安装都是从 setup.exe 应用程序开始，然而，Teamcenter 并不是一个 Windows 软件，它的安装需要运行一个批处理文件 TEM.bat。TEM 的全称是 Environment Manager（环境管理器）。Teamcenter 的安装介质需要复制到本机，或者映射网络驱动器。TEM 安装不支持类似 "Server\Shared Folder" 的网络共享路径。

在安装 Teamcenter 服务器时，建议同时勾选 "Rich Client 4-tier（四层胖客户端）" 和 "Business Modeler IDE 4-tier（业务建模器）"，如图 6-6 和图 6-7 所示。四层胖客户端用于管理员在服务器上进行一些管理操作，并在客户机不能正常运行 Teamcenter 时，确认 Teamcenter 的服务是否正常。业务建模器必须由管理员操作，所以建议安装在服务器上，而不是客户机上。

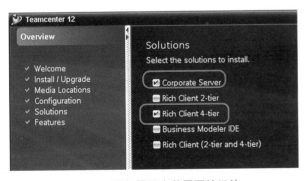

图 6-6　服务器端安装需要的组件

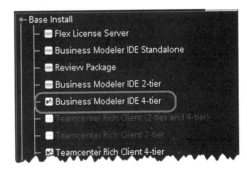

图 6-7　业务建模器组件

在安装 Teamcenter 服务器时同时勾选 Active Workspace 的相关模块，也可以在安装完成后续添加 Active Workspace。

注意：在中国安装 Teamcenter 时，务必选择 UTF-8 数据集，从而能更好地支持中文和其他语言。

6.3.3 客户端

1. 操作系统

Teamcenter 的客户端分为胖客户端（Rich Client）、网页客户端（Web Client 或 AWC）与嵌入式客户端三种。网页客户端不需要安装，嵌入式客户端与软件集成安装。本节介绍胖客户端的安装。

Teamcenter 的胖客户端支持 Linux 和 Windows 系统的客户端。本节讨论的是常用的 Windows 客户端。从 Teamcenter12.2 开始，只支持在 Windows 10 上安装，不支持 Windows 7。

2. JAVA 平台

在客户端计算机上需要先安装 JRE，然后需要设置两个系统变量，如图 6-8 所示。

3. TEM 安装

安装四层客户端时，仅需选择"Rich Client 4-tier"组件，不需要安装其他组件，如图 6-9 所示。

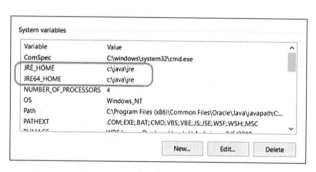

图 6-8 客户端 JAVA 系统变量

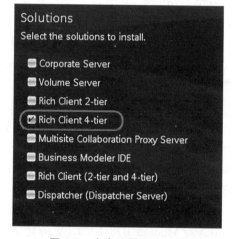

图 6-9 客户端需要的组件

安装完成后，计算机桌面上会自动生成 Teamcenter 的快捷图标。

6.3.4 帮助系统

1. 概述

Teamcenter 的基本安装介质不包含帮助文档。与西门子的其他软件一样，在线帮助文档位于西门子文档服务器上。用户可以直接访问下面的网址获得帮助 https://www.plm.automation.siemens.com/global/en/support/docs.html。

当终端用户无法上网或者未曾购买西门子服务，可自行安装离线帮助服务。

2. 安装帮助服务器

用户可以从西门子的 GTAC 下载帮助文档服务器介质。该服务器程序是通用的，不仅用于 Teamcenter，也可以用于 NX 与 Solid Edge。GTAC 下载的网址如下：

https://download.industrysoftware.automation.siemens.com/download.php

运行 splmdocserver 文件夹中的 setup.exe，按默认方式安装，如图 6-10 所示。其中 Solr Server 是索引服务，可以对"帮助"进行全文搜索，使用默认的端口，如图 6-11 所示。

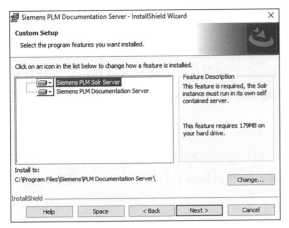

图 6-10　从帮助服务器安装的组件　　　　图 6-11　帮助系统使用的端口

3. 安装 Teamcenter 的帮助文档

用户可以在西门子的服务器上找到与 Teamcenter 版本一致的帮助文档压缩包。注意：有些版本有对应的中文版，但有些版本只有英文版，请自行下载合适的安装文件，如图 6-12 所示。解压缩后运行 splmdoc_install.exe 开始安装，帮助内容如图 6-13 所示。

图 6-12　帮助文档的下载

安装时有三部分内容可以选择：网页形式的帮助、PDF 帮助文件和开发文档。用户可自行选择需要的内容。安装完成后，在浏览器中输入网址就可以访问帮助内容。如图 6-13 所示红框中的内容是开发文档，一般不安装。如图 6-14 所示是帮助系统主页。

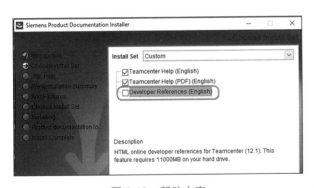

图 6-13　帮助内容　　　　　　　图 6-14　帮助系统主页

4. 在 Teamcenter 中访问帮助

在 Teamcenter 胖客户端安装时，可以指定帮助系统的网址，也可以后续通过 TEM 安装程序进行修改，如图 6-15 所示。安装完成后，可在 Teamcenter 胖客户端中直接访问帮助。

图 6-15　在 Teamcenter 中访问帮助

6.4 Teamcenter 的云部署

Teamcenter 可以部署在云服务器，管理员在云服务器上安装 Teamcenter 服务器、Teamcenter 客户端、CAD 软件等。对于终端用户，只要拥有一个上网设备，如笔记本计算机、平板计算机甚至智能手机，而不需要在客户机上安装客户端程序或 APP，就可以通过系统自带的浏览器直接访问 Teamcenter 系统。

云部署分为两种：公有云部署和私有云部署。

小型企业通常选择公有云，这样可以减少初期的投资成本和维护的需求。大中型企业可以选择私有云。部署私有云需要找云服务商协助部署。私有云具有更高的安全性，并能满足企业个性化的需求。

Teamcenter 的云部署有以下优点：

1. 安全

Teamcenter 上云的第一个优点是安全。在许多传统的企业中，企业使用封堵 USB 口以及在局域网上安装企业加密系统的方法来确保资料不外泄。USB 口的封堵会影响计算机鼠标、打印机的使用。安装加密系统则会在文件的打开、保存时进行实时加密和解密操作，严重影响磁盘的读写性能。在云部署中，远程终端只是在用户计算机上显示云客户端的结果，用户即使下载文件也是下载到云的客户端而不是本机，这样就彻底在操作层面杜绝了各种文件的外泄。在云部署中，用户的数据被强制保存在 Teamcenter 服务器上，而保存在 CAD 客户端上没有意义，因为一旦注销，CAD 客户端就会被回收，所以在 CAD 客户端保留任何个人数据都没有意义，这样就加强了对于公司知识产权的保护。

2. 减少了客户端计算机的硬件要求和数量

传统的三维 CAD 工作站需要较高的硬件配置，例如至少需要 16GB 的内存、专业的图卡以及固态硬盘作为缓存。这样的计算机往往价格不菲，每个工程师都需要一台这样的计算机，但下班后不再使用，这台计算机也只能闲置。一旦新购了更好的计算机，旧计算机的处理又是一个难题。在云部署中，一种 CAD 只需要安装在一台计算机上。当有多个用户同时使用时，云服务器中即时模拟出多个 CAD 客户端出来供用户使用。当用户注销后，立刻予以回收。

例如，某工学院需要开设课程学习 NX、Solid Edge 以及 SolidWorks，每次上课有 70 名学生。传统的做法需要 70 台计算机，在每台计算机上同时安装三种 CAD 软件，这样的话，计算机可能不堪重负，经常会有学生抱怨计算机配置太低。如果使用云解决方案，云服务器需要极高的配置，如果硬件不够可以随时扩充。而学生机只需要低端计算机（能播放视频）基本就能满足要求。当有 70 名学生学习 NX 时，云服务器上会复制出 70 个 NX 终端供学生练习。等到下课后，70 个 NX 终端会被回收，供其他应用端使用。

在公有云上，假如有 1000 个用户，但只有 100 个用户同时使用，则只需准备 100 个用户的资源即可。如果有多余的资源还可以出售给其他应用端。

3. 硬件可伸缩性强

当 CAD 需要更多的 CPU 或者更大的内存时，只需要在线申请调整即可。如果当公司人员减少，不需要进行任何操作，也无需处理多余的硬件资产。

4. 提升相应速度

在传统的 PDM 中，从客户端打开一个 PDM 服务器上的大装配可能需要花费很长时间。

这是因为客户端与服务器端的文件缓存需要进行同步。而服务器端在计算机机房内，客户端在办公室内，两者之间的连接可能是千兆网、百兆网甚至更差，打开一个包含几 GB 大小的装配，可能需要花费十几分钟的时间，这样的速度令设计师很难忍受。

而在使用云服务的情况下，PDM 的客户端和服务器端是在同一个云中的，之间的连接是万兆网级别的，基本不存在由于缓存同步导致延迟的情况。而用户桌面与云服务器之间只是压缩视频的传输问题，只要满足在线看电影的带宽，基本上使用云服务就不会感到延迟。

5. 减少用户的投资

使用传统的 PDM，通常需要投资服务器硬件及软件、网络设备、工作站与 CAD 软件。而对于云部署的 PDM 系统，一切的固定投资都几乎不需要，用户只需要准备一台普通的计算机，显示器分辨率满足 CAD 软件的要求就可以了，而 Internet 连接通常是具备的。

6. 减少维护费用

如果使用传统的 PDM，企业需要雇佣专业的 PDM 管理员，负责 PDM 系统的维护与备份。遇到软件升级，则需要支付软件的升级费用。而在云部署中，如果采用公有云，基本不需要专职的管理员，也不需要支付 CAD 软件的购买与维护费用，通常只需要根据使用时长支付云服务器的使用费即可。

附录 本地化支持

Teamcenter 支持多种语言，Teamcenter 12 支持英文、中文等 13 种语言，见附表 1。

附表 1 支持的语言

Language	本地化编号	语言名称
Chinese (Simplified)	zh_CN	简体中文
Chinese (Traditional)	zh_TW	繁体中文
Czech	cs_CZ	捷克文
English	en_US	美国英文
French	fr_FR	法文
German	de_DE	德文
Italian	it_IT	意大利文
Japanese	ja_JP	日文
Korean	ko_KR	韩文
Polish	pl_PL	波兰文
Portuguese (Brazilian)	pt_BR	巴西葡文
Russian	ru_RU	俄文
Spanish	es_ES	西班牙文

在安装 Teamcenter 胖户端时，不需要选择语言，所有的语言包会同时安装。

对于 Windows 平台，默认显示与操作系统相同的界面语言。中文界面如附图 1 所示。如果 Teamcenter 找不到操作系统对应的 Teamcenter 语言包，则界面显示为英文界面。

如果用户希望显示与当前区域格式不同的语言界面，可以对启动 Teamcenter 的快捷方式进行修改。如 Teamcenter 安装后的快捷方式是 D:\TC12\portal\portal.bat，用户希望在中文 Windows 环境下显示英文的 Teamcenter 界面，那么修改 Teamcenter 的快捷方式如附图 2 所示。

附图 1　Teamcenter 胖客户端中文界面

英文界面如附图 3 所示。只需把 "-nl" 后面的 "en_US" 换成其他语言对应代码，就可以实现其他语言界面的切换。

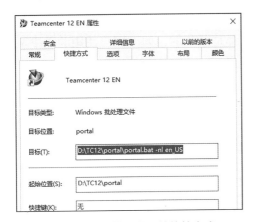

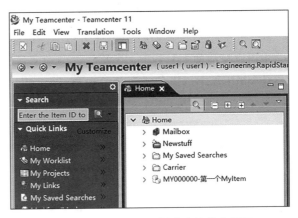

附图 2　启动英文界面的快捷方式　　　　附图 3　Teamcenter 胖客户端英文界面

1.组织结构本地化

在组织结构中，内部名称使用英文，由于客户在中国，所以会有中文的组织名称和角色，因此需要对组织结构进行本地化操作。附图 4 所示为本地化按钮。

附图 4　本地化按钮

在组织结构中单击"本地化"按钮，并在语言中设置简体中文对应的中文名称，如附图 5 所示。设置完成，在中文环境中可以看到本地化的组织名称，如附图 6 所示。

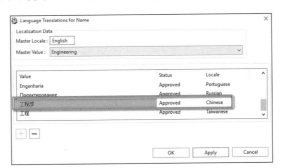

附图 5　查看本地化内容

附图 6　本地化的组织名称

2. 字段本地化

在 Teamcenter 中，所有的标准名称（内部名称）都是英文的，如果用户使用的是中文界面，也可以在界面上看到中文名称，这个中文名称称为 Localization（本地化）名称。

在 BMIDE 中，每个属性都有设置"Localization"（本地化）字段，如附图 7 所示。设置完成，在中文版的 Teamcenter 中属性以中文显示。

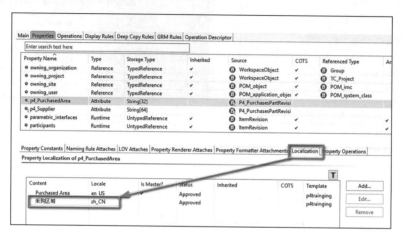

附图 7　字段本地化